◎ 锐扬图书 编

餐厅 卧室 厨房 卫浴间

海峡出版发行集团 | 福建科学技术出版社
THE STRAITS PUBLISHING & DISTRIBUTING GROUP | FUJIAN SCIENCE & TECHNOLOGY PUBLISHING HOUSE

图书在版编目（CIP）数据

家装材料全能速查．下，餐厅　卧室　厨房　卫浴间／锐扬图书编．—福州：福建科学技术出版社，2018.9
ISBN 978-7-5335-5618-1

Ⅰ．①家… Ⅱ．①锐… Ⅲ．①住宅－室内装修－装修材料－基本知识 Ⅳ．① TU56

中国版本图书馆 CIP 数据核字（2018）第 089370 号

书　　名 家装材料全能速查　下（餐厅　卧室　厨房　卫浴间）
编　　者 锐扬图书
出版发行 福建科学技术出版社
社　　址 福州市东水路 76 号（邮编 350001）
网　　址 www.fjstp.com
经　　销 福建新华发行（集团）有限责任公司
印　　刷 福州德安彩色印刷有限公司
开　　本 700 毫米 ×1000 毫米　1 / 16
印　　张 14
图　　文 224 码
版　　次 2018 年 9 月第 1 版
印　　次 2018 年 9 月第 1 次印刷
书　　号 ISBN 978-7-5335-5618-1
定　　价 68.00 元
书中如有印装质量问题，可直接向本社调换

Contents 目录

05 餐厅

Contents 目录

Contents 目录

Contents 目录

05 餐厅

餐厅的设计要点

在忙忙碌碌的生活形态下，就餐是一天里家庭成员相聚的时间。一个理想的餐厅装修应该能产生一种愉悦的气氛,使每一个人都能感到轻松。如果餐厅能有助于家庭成员相互和谐会谈,就更有益了。

1. 餐厅最好独立，不提倡“模糊双厅”。面积较大的家庭最好设独立的餐厅，如果面积有限，也可以餐厅和客厅共享一个空间，但餐厅和客厅应有明显分区，如可通过地面或吊顶的处理来限定出就餐的空间，最好不要出现空间限定不明确的所谓“模糊双厅”。

2. 要能创造一个轻松和休闲的空间。光线充足的餐厅，能带给人进餐时的乐趣。餐厅的净宽度不宜小于2.4米，除了放置餐桌、餐椅外，还应有配置餐具柜或酒柜的地方。面积比较宽敞的餐厅可设置吧台、茶座等，为主人提供一个浪漫和休闲的空间。

3. 餐厅的位置最好与厨房相邻。餐厅与厨房的位置最好相邻，避免距离过远，以免耗费过多的配餐时间。但对于中餐的烹饪习惯来说，餐厅不宜设在厨房之中,因厨房中的油烟及热气较潮湿，人坐在其中无法愉快用餐。

4. 餐厅应该简洁、明快，给人轻松愉快的感觉。餐厅装修最好采用容易清洁的材料，造型要简洁，不宜过于繁琐使人产生压抑感。色彩要用暖色调和中间色调，避免使用“非可食色”。要善于运用照明来烘托就餐的愉快气氛，餐厅一般都用能伸缩的吊灯作为主要的照明，配以辅助的壁灯，灯光的颜色最好是暖色的。

餐厅顶面装饰材料

餐厅顶面造型速查

现代简约风格餐厅顶面造型

• 方形错层石膏板+装饰镜面

• 平面错层石膏板+深色茶镜

• 平面石膏板+壁纸

• 弧形石膏板+不锈钢条+灯带

传统美式风格餐厅顶面造型

• 方形错层石膏板+实木装饰线回字造型+灯带

• 实木装饰线回字造型+错层石膏板+壁纸+石膏板雕花

• 石膏板井字格造型+实木装饰线

• 石膏板井字格造型+纸面石膏板

清新田园风格餐厅顶面造型

• 实木装饰横梁+平面石膏板

• 白松木扣板平顶造型+石膏装饰横梁

• 圆弧形错层石膏板+灯带+石膏装饰线

• 浅木色炭化木平顶吊顶

古典中式风格餐厅顶面造型

• 木质藻井吊顶+平面石膏板

• 中式传统窗棂镂空造型+平面错层石膏板

• 方角形错层石膏板+实木装饰线+灯带

• 平面石膏板+石膏板雕花镂空造型

奢华欧式风格餐厅顶面造型

• 圆弧形错层石膏板+石膏板装饰浮雕+灯带

• 长方形错层石膏板+金箔壁纸+石膏菱形造型格栅+灯带

• 圆形错层石膏板+金箔壁纸+石膏板装饰线+灯带

• 古典欧式弧形造型吊顶+金箔壁纸

浪漫地中海风格餐厅顶面造型

• 圆角方形错层石膏板+圆角石膏装饰线

• 长方形错层石膏板+实木装饰横梁

• 平面石膏板+条纹壁纸

• 圆角方形错层石膏板+浅木色炭化木

简欧式风格餐厅顶面造型

• 圆形跌级石膏板+装饰银镜

• 方形错层石膏板+石膏板井字格造型+灯带

• 长方形错层石膏板+车边银镜+灯带+错层石膏装饰线

• 方形跌级石膏板+金箔壁纸+圆弧形石膏装饰线

石膏板半圆形吊顶

石膏板是家庭装修中十分常用的装饰材料。它以多变的造型，适用于各个空间、风格的装饰。半圆形的石膏板吊顶造型适用于空间层架较高的餐厅，同时对餐厅的面积没有太高的要求。例如在小面积的餐椅中以半圆形吊顶作为装饰，不仅能够营造一个很好的用餐气氛，还能通过顶面造型来进行空间上的划分，因为在小面积的餐厅中如果通过地面或隔墙来做空间划分，会使空间显得更加局促；相反如果是通过顶面进行划分，有效地达到目的的同时，又不显得拥挤。此外，石膏板半圆形吊顶不仅适用于线条简约的现代风格家居装饰，如果搭配不同材质、颜色的装饰线，还可以在其他风格中巧妙运用，如美式、中式、欧式、混搭等风格。

设计详解：半圆形的石膏顶面设计搭配暖色调的装饰灯带，可以很好地营造出一个温馨浪漫的用餐空间。

材料搭配
纸面石膏板+白色乳胶漆+灯带

设计详解：欧式风格空间十分注重对氛围的营造，餐厅吊顶没有过于复杂的造型设计，采用错层石膏装饰线搭配暖色灯带，营造出一个温馨自然的空间氛围。

材料搭配
纸面石膏板+白色乳胶漆+错层石膏装饰线+灯带

石膏格栅装饰线

装饰线的格栅造型是多数家庭装修风格中比较常见的装饰手法，它是一种在空间层架不高的情况下经过改良的浅藻井装饰造型。在传统的中式、美式风格中习惯用木质格栅装饰线作为顶面的装饰。在简约、新欧式与混搭等带有现代感的空间中，比较常用石膏格栅装饰线来做顶面装饰，常以素白色作为主要色彩，偶尔会根据餐厅的使用面积与实际配色作适当的色彩调整。

设计详解：将石膏格栅装饰线嵌入错层石膏板内，使整个餐厅的顶面造型更加丰富，再与暗光灯带相融合搭配，营造出一个温馨浪漫的用餐空间。

材料搭配
纸面石膏板+石膏格栅装饰线+白色乳胶漆

设计详解：采用石膏装饰线来进行餐厅顶面装饰，再搭配一盏棕红色木质装饰吊灯，让整个餐厅的顶面设计具有层次感。

材料搭配
纸面石膏板+白色乳胶漆+石膏格栅装饰线

设计详解：欧式风格的餐厅顶面采用石膏格栅装饰线，再搭配圆角造型的石膏装饰线与彩色壁纸，让整个餐厅的顶面造型更丰富、更有层次感。

材料搭配
纸面石膏板+白色乳胶漆+壁纸+石膏格栅装饰线

餐厅的色彩搭配

餐厅的色彩设计非常重要，一般采用橙色系和黄色系为主色调，这种柔和的色系不仅可以突出温馨的进餐气氛，提高用餐者的情绪，而且还能起到促进食欲的作用。应避免过于刺激的色彩，如可以橙红、橘红为主色调，局部或饰品配以浅黄、白色等淡雅明快的色调。

银镜装饰吊顶

当室内空间较小时，利用镜片进行装饰不仅可以将梁柱等部件隐藏起来，而且从视觉上可以延伸空间感，使空间看上去变得宽敞。镜片最适用于现代风格的空间，不同颜色的镜片能够营造出不同的韵味，打造出或温馨、或时尚、或个性的氛围。

设计详解：跌级吊顶的中央部分采用装饰银镜来进行层次调节，丰富顶面造型的同时也彰显了现代风格简洁大气的风格特点。

材料搭配
纸面石膏板+银镜装饰吊顶+白色乳胶漆

设计详解：圆形跌级吊顶在新欧式风格中是比较常见的顶面装饰手法，将银镜嵌入石膏板内，可以让整个餐厅更加明亮，同时还可以更加突出跌级吊顶的层次感。

材料搭配
石膏板浮雕+圆角石膏装饰线+白色乳胶漆

设计详解：以装饰银镜来作为顶面的装饰设计，不仅能在层高上对空间产生拓展作用，还能在造型设计上让整个顶面更有层次感。

材料搭配
石膏板错层+白色乳胶漆+装饰银镜

设计详解：空间的顶面设计采用暗藏灯带搭配装饰银镜来进行装饰设计，一方面可以丰富顶面的造型设计，另一方面可以烘托出一个温馨浪漫的用餐氛围。

材料搭配
错层石膏板+装饰银镜+白色乳胶漆

木格栅吊顶

木格栅吊顶不同于其他吊顶工程，属于细木工装修的范畴。木格栅吊顶是家庭装修走廊、玄关、餐厅及有较大顶梁等空间经常使用的类型。木格栅吊顶不仅能够美化顶部，同时能够达到调节照明、增加居室整体装修效果的目的。木格栅吊顶要求设计大方，构造合理，外观美观，固定牢固，材料表面平整，颜色均匀一致，内部灯光布局科学，装饰漆膜完整，无划痕、无污染等。

设计详解：错层石膏吊顶的中央部分采用白色木格栅搭配金箔壁纸，让整个餐厅的顶面设计富有层次感的同时，更加彰显了欧式风格的奢华美。

材料搭配
石膏板浮雕+圆角石膏装饰线+白色乳胶漆

设计详解: 将棕红色木格栅嵌入错层石膏板内，丰富了餐厅顶面的色彩及造型，充分营造出美式风格的古朴与自然。

材料搭配
红樱桃木格栅造型+纸面石膏板+白色乳胶漆

设计详解: 餐厅顶面采用白色木格栅搭配灰镜，整体造型简洁大方，再搭配充满梦幻色彩的水晶吊顶，完美地打造出一个美轮美奂的用餐空间。

材料搭配
白枫木格栅+装饰灰镜

装修小课堂

如何注重餐厅装修的舒适性

餐厅装修的目的就是要使家人的就餐环境更加舒适、温馨。舒适包括身心两个方面，只有身心同时愉悦才是真正的舒适。为了达到这个目的，绿色装修就必须满足人的物质与精神两方面的需求。前者是在功能上满足家庭生活的使用要求，并提供一个使人感到舒适的自然环境；后者是创造出一种和家庭生活相适应的氛围，使家居环境产生一定的审美价值，并且通过人的联想作用，使其能具有一定的情感价值，从而满足人在精神方面的需求。

胡桃木装饰横梁

木横梁不仅有装饰功能，还有一定的划分空间的作用。几根简单的横向线条会给人平稳、安定的感受。横向线条的粗细也对室内装饰效果起很大的作用，粗线条显得粗壮、有力，给人以坚固的感觉。胡桃木切面纹理清晰，其本身具有良好的稳定性，不易变形，是室内设计中制作装饰横梁的良好材料。

设计详解：田园风格的餐厅中，为了突出其亲近自然的风格特点，可以在顶面选用色泽温润、纹理清晰的胡桃木作为装饰横梁。

材料搭配
纸面石膏板+白色乳胶漆+胡桃木装饰横梁

设计详解：餐厅顶面采用白松木扣板与深色胡桃木横梁进行搭配，一方面使整个顶面的造型更加丰富，另一方面让空间的色彩更加有层次感。

材料搭配
纸面石膏板+白色乳胶漆+白松木扣板+胡桃木装饰横梁

设计详解：将胡桃木横梁水平排列于顶面，给整个餐厅的顶面增添了连续感，是传统美式风格家居设计中十分常见的装饰手法。

材料搭配
纸面石膏板+白色乳胶漆+胡桃木装饰横梁

石膏板浮雕吊顶

石膏板浮雕吊顶以造型取胜，区别于普通天花板的制作方法和安装方法，石膏板浮雕吊顶不需要现场点焊和打胶，只需先装上吊杆和龙骨框架，再装上造型天花板，即完成安装。在新欧式风格家装中，比较常用浮雕石膏板进行顶面装饰，以花纹、植物藤蔓为主要装饰花纹的浮雕石膏板很能营造出新欧式风格的轻奢感。

设计详解：新欧式风格空间中采用石膏板浮雕来做顶面装饰，再搭配暖色调的暗光灯带，很好地营造出一个温馨浪漫的用餐空间。

材料搭配
纸面石膏板+白色乳胶漆+石膏板浮雕

设计详解：平面石膏板的中间，设计有石膏板装饰浮雕，再与暗光灯带相结合，不论从哪个角度看都极富美感。

材料搭配
纸面石膏板+白色乳胶漆+石膏板装饰浮雕

设计详解：传统花纹图案的浮雕装饰是欧式风格中比较常见的装饰手法，与暗光灯带完美融合，营造欧式风格特有的精致美感。

材料搭配
错层石膏板+白色乳胶漆+石膏板浮雕

装修小课堂

如何设计餐厅吊顶

餐厅在我们家庭中是一个享受美食的地方，餐厅吊顶的装修就应注意以明亮、洁净为主，还要体现出情趣、浪漫的艺术氛围。餐厅吊顶在设计上要有创新性，设计效果要给人耳目一新的感觉，还应采用技巧，打破常规，征服我们的眼。整体效果更是要给人个性、清新、亮丽的感觉，在这样一间优雅的餐厅吃饭保证你胃口大开。

法式石膏浮雕装饰线

法式风格比较注重利用元素与线条来营造空间的氛围。带有复古的元素法式石膏浮雕装饰线就是传统法式风格中最为常见的顶面装饰。在造型上它可以是花卉、藤蔓或者带有古典欧式特点的图案等等；在颜色上可以是素白色、金色、银色，根据卧室的顶面与墙面的颜色来进行选择。

设计详解： 整个顶面采用法式石膏线层叠运用，再与茶色镜面作适当点缀，让整个顶面设计更加有厚重感与美感。

材料搭配
纸面石膏板+法式石膏装饰线描金+装饰茶镜

设计详解： 错层的石膏板吊顶上面采用法式石膏浮雕装饰线来突显顶面造型的层次感，再与印花壁纸搭配，让整个吊顶更加丰富。

材料搭配
纸面石膏板+法式石膏浮雕装饰线+印花壁纸

设计详解：错层造型吊顶采用法式雕花石膏装饰线进行修饰，再搭配暖色吊灯，让整个餐厅笼罩在一片温馨雅致的氛围当中。

材料搭配
纸面石膏板+白色乳胶漆+法式雕花石膏装饰线

设计详解：大量的欧式浮雕装饰元素融入整个餐厅的顶面设计中，让整个空间看起来更加有古典欧式风格的韵味与厚重感。

材料搭配
纸面石膏板+白色乳胶漆+法式石膏装饰线

设计详解：餐厅顶面采用了大量简化的欧式造型进行装饰，让整个顶面设计更有层次感，同时与墙面、地面、软装等元素相搭配，营造出一个温馨浪漫的法式风格餐厅。

材料搭配
纸面石膏板+白色乳胶漆+法式石膏装饰线

餐厅墙面装饰材料

餐厅墙面造型速查

现代简约风格餐厅墙面造型

• 木质直角曲线造型隔墙+壁纸

• 车边茶镜+壁纸

• 白色木质装饰线+嵌入式餐边柜

• 抛光墙砖+黑色烤漆玻璃+白枫木装饰线

传统美式风格餐厅墙面造型

• 木质线条回字造型+车边银镜+装饰油画

• 弧形造型+壁纸+有色乳胶漆

• 双拱门造型+嵌入式餐边柜+彩色乳胶漆

• 实木装饰线+雕花银镜+壁纸

清新田园风格餐厅墙面造型

• 创意木质隔板+壁纸

• 半圆形壁龛+木质隔板+彩色硅藻泥壁纸

• 条纹壁纸+订制壁柜

• 嵌入式餐边柜+壁纸

古典中式风格餐厅墙面造型

• 实木线条+壁布+巨幅装饰画

• 木质隔板+壁纸+黑色烤漆玻璃

• 木质边框推拉门+壁纸+装饰画

• 中式风格陈列柜+有色乳胶漆+装饰画

奢华欧式风格餐厅墙面造型

• 白枫木装饰线+壁纸+装饰画

• 木工板凹凸造型+车边银镜+壁纸

• 反圆石材造型+壁纸+木质隔板

• 白色木质窗棂隔断+壁纸+装饰画

浪漫地中海风格餐厅墙面造型

• 拱门造型+红砖+嵌入式餐边柜

• 木饰面板混油+木质隔板

• 木质装线混油+彩色乳胶漆+装饰画+条纹壁纸

• 双拱门造型+彩色乳胶漆

简欧式风格餐厅墙面造型

• 木工板凹凸造型+深色科定板+不锈钢条+中花白大理石

• 壁炉造型+金属马赛克+壁纸+白色乳胶漆

• 木工板凹凸造型+车边银镜+白枫木饰面板+壁纸

• 木工板凹凸造型+嵌入式酒柜+软包+灰镜+中花白大理石

陶瓷马赛克

马赛克又称锦砖，是建筑上用于拼成各种装饰图案的片状小瓷砖。由坯料经半干压成形，窑内焙烧而成。马赛克主要用于铺地或内墙装饰，款式多样，常见的有贝壳马赛克、夜光马赛克、陶瓷马赛克以及玻璃马赛克等，装饰效果突出。

设计详解：采用装饰银镜与白色木饰面板交错排列来装饰整个餐厅墙面，再使用陶瓷马赛克作为收边装饰，让整个墙面的设计造型更加突出。

材料搭配
白枫木饰面板+装饰银镜+陶瓷马赛克

设计详解：蓝白色陶瓷马赛克与蓝白色花纹餐椅的完美融合，为整个餐厅空间增添了色彩层次感，同时也让整个餐厅更加有整体感。

材料搭配
印花壁纸+彩色陶瓷马赛克

设计详解：将陶瓷马赛克拼成具有欧式风情的大马士革图案来装饰墙面，黑白色调巧妙地融入充满现代气息的餐厅里，打造出一个完美的混搭风格用餐空间。

材料搭配
陶瓷马赛克拼花+白色乳胶漆+条纹壁纸

设计详解：现代风格空间内采用大量的玻璃元素来装饰整个空间，再搭配白色陶瓷马赛克，让整个餐厅在设计选材上更有层次感。

材料搭配
钢化玻璃间隔+白色陶瓷马赛克+爵士白大理石台面

陶瓷马赛克的选购

1. 规格齐整。选购时要注意颗粒的规格是否相同，每个小颗粒边沿是否整齐，将单片马赛克置于水平地面，检验是否平整，背面的乳胶层是否太厚。

2. 工艺严谨。先摸釉面，可以感觉其防滑度；然后看厚度，厚度决定密度，密度高，吸水率才会低；最后看质地，内层中间打釉通常是品质好的马赛克。

3. 吸水率低。把水滴到马赛克的背面，水滴往外溢的质量好，往下渗透的则质量差些。

车边银镜

车边是指在玻璃或镜子的四周按照一定的宽度，车削一定坡度的斜边，使玻璃或镜面看起来有立体的感觉，或者说有套框的感觉。车边银镜的装饰个性时尚、美轮美奂，为居室装修增添了个性色彩。餐厅或客厅中使用经过巧妙设计的车边银镜，有助于扩展空间感，让两厅的视线得到最大限度的延伸。

设计详解： 将装饰银镜镶嵌在深棕红色的木饰面板内，为餐厅增色不少，成为整个餐厅墙面设计的点睛之笔。

材料搭配
红樱桃木饰面板+车边银镜

设计详解： 墙面采用车边银镜与黑色烤漆玻璃进行搭配，两者相互调节，强化了整个餐厅墙面设计的层次感。

材料搭配
黑色烤漆玻璃+车边银镜

设计详解：两种不同颜色的菱形镜面交替粘贴在餐厅墙面上，再与其他具有温度感的材料搭配在一起，展现出不同材质的层次与美感。

材料搭配
车边银镜+车边茶镜+红胡桃木饰面板

装修小课堂

如何选择餐厅装饰材料

装饰材料的软硬、粗细、凹凸、轻重、疏密、冷暖等质感是选材时必须要考虑的因素。相同的材料可以有不同的质感，如光面大理石与烧毛面大理石、镜面不锈钢板与拉丝不锈钢板等。一般而言，粗糙不平的表面能给人以粗犷豪迈感，而光滑、细致的平面则给人以细腻、精致美，可根据不同的风格进行选择。另外，餐厅装饰材料还应该具备耐污性、耐火性、耐水性、耐磨性、耐腐蚀性等一些最基本的使用性能，这些基本性能可保证在长期使用过程中经久常新，保持其原有的装饰效果。

雕花银镜

雕花银镜的画面绚丽不失清雅，生动不失精致，超凡脱俗，美轮美奂。其别具一格的造型，丰富亮丽的图案，灵活变幻的纹路，抑或充满古老的东方韵味，抑或释放出西方的浪漫情怀。艺术玻璃融入现代室内装潢的气氛，与色彩和周围的设计要素以及现代人的生活经验更完整、更和谐地结合在一起。

设计详解： 雕花银镜与壁纸的搭配营造出一个温馨浪漫的用餐空间，再将白色木质装饰线融入其中，使餐厅墙面在造型设计上更加丰富。

材料搭配
印花壁纸+雕花银镜+白枫木装饰线

设计详解： 以树干造型作为雕花银镜的装饰图案，让整个现代风格餐厅更加有设计感。

材料搭配
订制雕花银镜+不锈钢收边条

设计详解：面积不大的餐厅内采用雕花银镜进行墙面装饰，既能起到拓展空间的作用，又不会显得过于突兀。

材料搭配
雕花银镜+植绒壁纸

设计详解：欧式风格的餐厅设计中，墙面采用印有传统图案的银镜及壁纸进行装饰，再搭配带有古典韵味的家具，完美地展现出欧式风格的精致与奢华。

材料搭配
雕花银镜+胡桃木装饰线

艺术玻璃

艺术玻璃画面绚丽不失清雅，生动不失精致，超凡脱俗，美轮美奂。艺术玻璃的多样性可以让空间感觉轻松而活泼，它所展现的丰富多彩，给人心灵上和视觉上的感觉与其他材质完全不同。艺术玻璃图案丰富亮丽，造型手法变幻万千，居室中艺术玻璃的恰当运用，能自如地创造出一种赏心悦目的和谐氛围，增添浪漫迷人的现代情调。

设计详解：以艺术玻璃来装饰餐厅的玻璃推拉门，很好地丰富了餐厅的设计感，与另一侧墙面的皮革材料相搭配，营造出一个具有现代风格特点的餐厅。

材料搭配
茶色艺术玻璃+皮革装饰硬包

设计详解： 餐厅顶面及墙面采用订制的艺术玻璃作为装饰，让整个用餐空间温馨浪漫又不失现代风格的个性美。

材料搭配
订制艺术玻璃+白枫木收边线+有色乳胶漆

设计详解： 小面积的餐厅内，选用带有订制图案的茶色玻璃作为厨房与餐厅之间的间隔，一方面有很好的装饰效果，另一方面可以有效地区分空间。

材料搭配
茶色艺术玻璃+白色乳胶漆

装修小课堂

如何规划餐厅的空间布置

餐厅空间的布置，不仅要注意从厨房配餐到顺手收拾的方便合理性，还要体现出家人的团圆、团结和欢乐气氛。用餐空间的大小，要结合整个居室空间的大小、用餐人数、家具尺寸等多种因素来决定。餐桌的造型一般有正方形、长方形、圆形等，而不同造型的餐桌所占的空间也是不同的。另外，餐厅里除了餐桌、餐椅等家具外，还可以根据条件来设置酒柜、收纳柜。一般盛饭用的器皿都会收藏在厨房内，而用餐时用的杯子、酒类、刀叉类、餐垫、餐巾等可以放在专门的收纳柜里或者酒柜里。

热熔玻璃

热熔玻璃以其独特的装饰效果成为人们关注的焦点。热熔玻璃跨越现有的玻璃形态，充分发挥了设计者和加工者的艺术构思，把现代或古典的艺术形式融入玻璃之中，使平板玻璃加工出各种凹凸有致、颜色各异的艺术化玻璃。它图案丰富、立体感强、装饰华丽、光彩夺目，解决了普通装饰玻璃立面单调呆板的问题，使玻璃面具有很生动的造型，满足了人们对装饰风格多样性和美感的追求。

设计详解： 利用带有立体纹路的热熔玻璃来制作玻璃推拉门，既能丰富整个餐厅的设计造型，又能营造一个温馨舒适的用餐空间。

材料搭配
米色热熔玻璃+有色乳胶漆

设计详解：小户型餐厅选择热熔玻璃作为推拉门的饰面玻璃，充分利用材料的质感来丰富设计感。

材料搭配
白色热熔玻璃+黑色烤漆玻璃

设计详解：热熔玻璃一方面不会影响采光，另一方面有很好的装饰效果，十分适用于小面积餐厅的装饰，它可以让没有任何复杂造型的墙面更有层次感。

材料搭配
热熔玻璃+有色乳胶漆

磨砂玻璃

磨砂玻璃又称毛玻璃，它是将平板玻璃的表面经机械喷砂、手工研磨或氢氟酸溶蚀等方法处理成均匀毛面的玻璃。由于表面粗糙，使光线产生漫反射，透光而不透视，它可以使室内光线柔和而不刺目。用玻璃装饰既能美化室内环境还能提亮居室亮度，如有花案的加入又会让玻璃的装饰效果更惊艳。墙面用磨砂玻璃装饰，在顶灯的照射下，磨砂玻璃上映衬的图案会呈现立体的效果，让人感觉栩栩如生。

设计详解：面积较小的餐厅采用磨砂玻璃作为间隔，既能起到区分空间区域的作用，又能使整个空间不显局促。

材料搭配
磨砂玻璃+白色乳胶漆

设计详解：大面积的磨砂玻璃为餐厅墙面增添了设计感，同时也彰显了现代风格简洁大气的特点。

材料搭配
磨砂玻璃+白色乳胶漆

设计详解：以磨砂玻璃作为餐厅与厨房之间的间隔，映衬在深棕色的框架中，能够完美地与整个空间色调相协调。

材料搭配
磨砂玻璃

装修小课堂

如何划分独立就餐区

住宅最好能单独开辟出一间做餐厅。但有些住宅并没有独立的餐厅，有的是餐厅与客厅连在一起，有的则是与厨房连在一起，在这样的情况下，可以通过一些装饰手段来人为地划分出一个相对独立的就餐区。如通过吊顶，使就餐区的高度与客厅或厨房不同；通过地面铺设不同色彩、不同质地、不同高度的装饰材料，在视觉上把就餐区与客厅或厨房区分开来；通过不同色彩、不同类型的灯光，来界定就餐区的范围；通过屏风、隔断，在空间上分割出就餐区等。

木质隔板

木质隔板一般可分为实木板、木夹板、装饰木板、细木工板等。实木板使用完整的木材制成，材料比较耐用，所以一般造价高。木夹板也称为细芯板，一般由多层板胶贴粘制而成，因此规格厚度也不尽相同。装饰木板俗称面板，一般以夹材为基材，实木板刨切成薄木皮，属于一种高级装饰材料。细木工板，俗称大芯板，价格较便宜，当然强度、性能方面也比较差。

设计详解： 蓝白相间的条纹壁纸让整个餐厅洋溢着地中海风情的自由与浪漫，再搭配订制的木质隔板，让整个墙面的造型更加丰富，更有层次感。

材料搭配
条纹壁纸+白枫木隔板

设计详解：小户型餐厅适合运用木质隔板来进行墙面装饰，既可以为空间提供收纳功能，又能达到美化空间的效果。

材料搭配
创意木质隔板+仿古壁纸

设计详解：田园风格餐厅内采用棕黄色木质隔板进行墙面的装饰搭配，既能丰富墙面造型设计，又能为整个空间带来一定的色彩温度。

材料搭配
白桦木饰面板+木质隔板+有色乳胶漆

浅啡网纹大理石

浅啡网纹大理石具有较高的强度和硬度，还具有耐磨和持久的特性，而且天然石材经表面处理后可以获得优良的装饰性，能够很好地搭配室内空间的装饰。空间宽敞的居室内使用啡网纹大理石装饰，材料粗犷而坚硬，并且具有大线条的图案，可以突出空间的气势。

设计详解： 将浅啡网纹大理石应用在中式风格空间的墙面上，充分利用其温润的色泽，清晰的纹理，来营造出一个典雅精致的用餐空间。

材料搭配
浅啡网纹大理石+米黄大理石

设计详解： 以浅啡网纹大理石作为垭口的装饰材料，让餐厅的整体设计更加统一，与其他材质完美融合，营造出欧式风格的精致美感。

材料搭配
浅啡网纹大理石垭口+红樱桃木饰面板+装饰茶镜

设计详解：大理石镶嵌着黑色烤漆玻璃，两种材质完美结合，为整个餐厅墙面提供丰富的装饰效果。

材料搭配
浅啡网纹大理石+黑色烤漆玻璃

设计详解：以色泽温润、纹理清晰的浅啡网纹大理石作为垭口的装饰面，彰显出欧式风格的奢华感。

材料搭配
浅啡网纹大理石+有色乳胶漆

装修小课堂

如何设计餐厅隔断

所谓餐厅隔断，是指专门分割餐厅空间的不到顶的半截立面，主要起到分割空间的作用。它与隔墙其实功能上比较相近，只是它们最大的区别在于隔墙是做到板下的，即立面的高度不同，而隔断是一般不做到板下的，有的隔断甚至可以自由移动。从早几年开始，隔断作为家居中分割空间和装饰的元素被家居行业重视，也得到了广大业主的喜爱，如今餐厅隔断流行开来，已经逐渐成为餐厅必备的家具。比如屏风、展示架、酒柜，这样的隔断既能打破固有格局、区分不同性质的空间，又能使居室环境富于变化，实现空间之间的相互交流，为居室提供更大的艺术与品位相融合的空间。这样的设计和演化，是餐厅装修的必然趋势。

仿石瓷砖

仿石瓷砖的纹理与天然石材十分接近，但是仿石瓷砖表面的细孔十分细小，吸水率低，十分耐脏，容易保养。仿石瓷砖的花色与纹理是通过印刷形成的，因此，花色与纹理十分丰富、逼真。

仿石瓷砖的表面除了光面与雾面之分，还有烧面与岩面两种。烧面瓷砖是将瓷砖表面以火加热，使表面呈现粗糙质感；岩面的纹理凹凸十分明显，呈现出仿天然石材的斑驳感。

设计详解：以亮色调的木质装饰线来修饰贴满米黄色墙砖的餐厅墙面，完美地提升了整个墙面的色彩层次。

材料搭配
米黄色仿石瓷砖+木质装饰线

设计详解：将带有复古韵味的仿石瓷砖搭配红樱桃木装饰线运用在餐厅的墙面上，营造出一个雅致古朴的用餐空间。

材料搭配
米色仿石瓷砖+红樱桃木装饰线

设计详解：淡色调的墙砖搭配用艺术墙砖拼贴而成的壁画，形成了整个餐厅空间墙面的主要装饰，丰富了餐厅的整体视觉效果。

材料搭配
米色仿石瓷砖+艺术墙砖

如何设计餐厅的灯光

餐厅的灯光布置宜柔和，柔和的灯光有助于增添家庭成员用餐时的温馨气氛，创造有利于情感交流的氛围。餐厅的灯应以白炽灯为主，辅以台灯和壁灯，或者用可调光的灯。在就餐的时候用低亮度的灯光可以创造温馨舒适的就餐氛围。但餐厅的灯光切忌昏暗，昏暗的灯光使得周围的阴气加重，会影响人的精神和心情，使人吃饭没有胃口，做事无精打采。总之，餐厅的灯光布置宜柔和，不宜太亮或者太暗。

水曲柳饰面板

水曲柳表面呈黄白色，木质结构十分细腻，木材缩水率小，具有耐磨、不易变形的特点。水曲柳有山纹与直纹两种纹理。相比直纹的粗犷，山纹的应用率比较高。黄中泛白的山纹水曲柳饰面板能够营造出一个简朴、自然的空间氛围，在田园、北欧等崇尚亲近自然的家装风格中比较常见。水曲柳饰面板表面释清漆后，装饰效果不亚于樱桃木、胡桃木、橡木等高档木材。

设计详解：米色直纹水曲柳饰面板作为餐厅墙面的主要装饰，再搭配几幅具有中式韵味的装饰画，简洁大气，展现出新中式风格的雅致与简洁。

材料搭配
水曲柳饰面板+装饰画

设计详解：两侧对称的木饰面板为整个餐厅空间增添了温馨感，与雕花银镜相搭配，让整个餐厅墙面的选材及设计更加丰富。

材料搭配
水曲柳饰面板+雕花银镜

设计详解：简朴自然的水曲柳饰面板作为整个餐厅的墙面装饰，完美地营造出一个温馨雅致的用餐氛围。

材料搭配
水曲柳饰面板

设计详解：利用温暖的木质装饰材料来营造餐厅的温馨氛围，同时还不影响空间的整体风格搭配。

材料搭配
水曲柳饰面板

水曲柳饰面板的选购

在选购水曲柳饰面板时应注意观察贴面(表皮)，看贴面的厚薄程度，越厚的性能越好，涂刷油漆后实木感强、纹理清晰、色泽鲜明饱和度也好；表面光洁，应无明显瑕疵，无毛刺沟痕和刨刀痕，无透胶现象和板面污染现象。要注意面板与基材之间、基材内部各层之间不能出现鼓包、分层现象；要选择甲醛释放量低的板材。可用鼻子闻，气味越大，说明甲醛释放量越高，污染越厉害，危害性也就越大。

不锈钢

不锈钢具有防火、防潮、防磁、防腐等特点，拥有良好的可塑性，其表面光洁度高。饰面处理方式有很多种，如光面、丝面板、凹凸板、雾面板、半珠形板和弧形板等。不锈钢是现代家居装修中利用率比较高的一种装饰材料，一般用来做家具的饰面材料或做装饰收边，既健康又环保，还可重复利用，满足现代风格的健康、舒适、简洁的特点。

设计详解： 将不锈钢元素融入现代风格餐厅中，既能丰富墙面的设计造型，又能展现出现代风格简洁大方的风格特点。

材料搭配
肌理壁纸+不锈钢条+彩色软木板

设计详解：餐厅墙面在设计中采用不锈钢条来进行装饰，充分展现出现代风格的装饰特点，同时也让整个墙面看起来更具有立体感。

材料搭配
木饰面板+不锈钢条

设计详解：白色石膏板造型墙采用金色不锈钢进行收边线条修饰，增加墙面造型层次感的同时，也突出了现代风格的装饰特点。

材料搭配
纸面石膏板造型+白色乳胶漆+不锈钢条

设计详解：木饰面板搭配雾面不锈钢收边条是餐厅主题墙的全部材料，造型简洁又不失色彩的层次感，充分展现了现代风格的装饰特点。

材料搭配
密度板拓缝+不锈钢收边条

陶砖

陶砖是一种以陶土为主要成分的砖，可以用作壁面与地面的装饰使用。陶砖的成分天然，属于绿色环保材料，陶砖的色彩丰富，是通过矿物质的添加来调节色彩与强度的。根据不同矿物质的添加可以分为清水砖、罗马砖、花色面包砖或陶板砖。

设计详解：将做旧效果的陶砖粘贴在墙面上，再与其他材质相结合，完美地营造出一个充满乡村气息的空间氛围。

材料搭配
有色乳胶漆+米色做旧陶砖+白枫木装饰线

设计详解：以白色亚光陶砖作为餐厅中景墙的装饰材料，充分利用材质的表面特点来营造空间造型的层次感。

材料搭配
白色亚光陶砖+磨砂玻璃

定向纤维板

定向纤维板又称欧松板或结构板，是将切碎的木碎屑压制而成的木板，强度要比木芯板高，是一种十分环保的装饰材料。使用定向纤维板作为壁面装饰时，为避免长时间使用导致材料变形，可以使用蜜蜡打磨形成防护膜，起到防水的效果。定向纤维板的基材主要有白松木与白桦木两种，白松木的木质比较细密，碎屑的切割片很小，因此，其表面比较光滑，木板的强度较佳；而白桦木的木材密度不高，碎屑切片较大，表面比较粗糙，强度不如白松木定向纤维板。

设计详解：餐厅墙面采用原木色的定向纤维板作为背景色，再适当地点缀一些绿色元素，很好地展现出属于北欧风格的柔和与朴素。

材料搭配
定向纤维板

设计详解：利用定向纤维板将餐厅墙面装饰出做旧效果，再融入一些色彩明快的元素，各种色彩的巧妙混搭，让整个用餐空间更加多元化。

材料搭配
定向纤维板+实木装饰线+有色乳胶漆

餐厅地面装饰材料

餐厅地面造型速查

现代简约风格餐厅地面造型

• 亚光地砖

• 黑白双色玻化砖斜铺

• 木纹大理石顺铺+实木踢脚线

• 浅色强化复合木地板+实木踢脚线

传统美式风格餐厅地面造型

• 仿古砖拼花

• 双色大理石波打线

• 复古玻化砖斜铺

• 仿动物皮毛地毯

清新田园风格餐厅地面造型

• 仿古砖斜铺

• 实木地板

• 釉面仿古砖+白色实木踢脚线

• 深色金属砖V字拼

古典中式风格餐厅地面造型

• 米色网纹玻化砖

• 回字纹图案玻化砖

• 木地板人字拼

• 浅橡木强化地板

奢华欧式风格餐厅地面造型

• 淡网纹玻化砖+黑白根大理石波打线

• 大理石拼花

• 深啡网纹大理石波打线

• 三色大理石斜铺

浪漫地中海风格餐厅地面造型

• 深色超耐磨地板

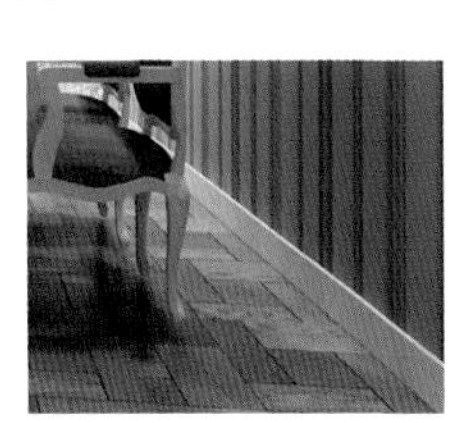
• 深褐色木纹砖V字拼

• 灰白撞色大理石拼花

• 米白色网纹抛光地砖

简欧式风格餐厅地面造型

• 双色玻化砖菱形拼贴

• 无缝玻化砖

• 米黄抛光地砖+实木踢脚线

• 黑白撞色大理石菱形拼贴+黑白根大理石波打线

仿古砖

仿古砖实质上是上釉的瓷质砖，为体现岁月的沧桑和历史的厚重感，仿古砖通过样式、颜色、图案营造出怀旧的氛围，色调以黄色、咖啡色、暗红色、灰色、灰黑色等为主。仿古砖蕴藏的文化、历史内涵和丰富的装饰手法，使其成为欧美市场的瓷砖主流产品，在国内也得到了迅速的发展。仿古砖的应用范围广，并有墙地一体化的发展趋势，创新的设计和技术赋予仿古砖更高的市场价值和更强的生命力。

设计详解：仿古砖表面色泽浓郁又不失细腻感，以菱形贴法搭配小块陶瓷马赛克，丰富了整个空间地面的设计变化，也很好地展现出传统美式风格古朴的韵味。

材料搭配
仿古砖拼花

设计详解：菱形铺设的仿古砖地面搭配订制的艺术瓷砖，丰富了地面的色彩，也改变了空间内略显沉闷的色调。

材料搭配
仿古砖拼花

设计详解：仿古砖十分适用于传统美式空间的装饰使用，可以很好地展现出美式空间粗犷自然的风格特点。

材料搭配
仿古砖拼花+人造石踢脚线

仿古砖的选购

选购仿古砖时，先要考虑个人喜好，室内颜色、风格、面积及采光度等因素。首先，购买量要比实际面积多约5%，避免因补货而产生不同批次产品的色差、尺差。其次，要深入考察仿古砖的各项技术指标是否过硬。主要的标准包括吸水率、耐磨度、硬度、色差等。

1. 吸水率。吸水率高的产品，其致密度低，砖孔稀松，吸水积垢后较难清理，不宜在频繁活动的地方使用；吸水率低的产品则致密度高，具有很高的防潮抗污能力。

2. 耐磨度。耐磨度从低到高分为五度。五度为超耐磨度，一般不用于家庭装饰。家装用砖在一度至四度间选择即可。

3.. 硬度。硬度直接影响着仿古砖的使用寿命，这一标准尤为重要。可以通过敲击听声的方法来确定，声音清脆的就表明内在质量好，不易变形破碎，即使用硬物划一下砖的釉面也不会留下痕迹。

4. 色差。可以直观判断色差。要察看一批砖的颜色、光泽纹理是否大体一致，能不能较好地拼合在一起。色差小、尺码规整的则是上品。

设计详解： 餐厅的整体色调偏白，地面则可以选择相对较深的米色仿古砖来为空间增添沉稳感，再搭配一些订制的艺术瓷砖，丰富设计的同时彰显了传统欧式风格的精致与奢华。

材料搭配
米色仿古砖拼花

米色亚光地砖

亚光是相对于抛光而言的，也就是非亮光面，它可以有效地避免光污染，维护起来也比较方便。基于亚光地砖的吸光性，如果餐厅内选择亚光地砖来装饰地面，那么餐厅的灯光设计应尽量选择亮度大一些的灯具进行装饰。此外，米色是餐厅配色中比较常用的色彩之一，以米色亚光地砖作为餐厅的地面装饰，可以很好地营造出一个温馨、舒适的用餐环境。米色在家庭装修配色中还属于百搭色，适用于各种风格的配色使用。

设计详解：地面装饰材料选择颜色、纹理非常均匀、平实的米色亚光砖，没有过多花哨的设计，却能营造出一个温馨舒适的用餐空间。

材料搭配
米色亚光地砖+黑金花大理石波打线

设计详解：米色亚光地砖的优点在于色泽温润，纹理自然，在任何空间使用都能很好地营造出一个舒适自然的空间氛围。

材料搭配
米色亚光地砖

白色玻化砖

玻化砖吸水率越低，说明玻化程度越好，产品理化性能越好。玻化砖可广泛用于各种工程及家庭的地面和墙面。因其铺装效果好、用途广、用量大等特点，而被称为“地砖之王”。白色玻化砖具有质感优雅、性能稳定、装饰效果好等特点，是现代风格家居中最为常见的地面装饰材料。

设计详解：白色无纹理玻化砖干净整洁，为整个灰色调的空间增添了洁净感，展现出现代风格空间的简洁与大气。

材料搭配
白色无纹理玻化砖+白色木质踢脚线

设计详解：整个田园风格的餐厅内以绿色作为空间的背景色，墙面的白色装饰线与地面的白色玻化砖相呼应，让整个空间既有层次感又不失整体感。

材料搭配
白色淡纹理玻化砖+黑金花大理石波打线

设计详解：通常白色玻化砖的纹理很少，与色彩浓郁、纹理清晰的黑金花大理石搭配来做地面的铺装设计，提升了整个用餐空间的张力。

材料搭配
白色玻化砖+黑金花大理石波打线

玻化砖的选购

1. 看表面。看砖体表面是否光泽亮丽，有无划痕、色斑、漏抛、漏磨、缺边、缺脚等缺陷。查看底部商标标记，正规厂家生产的产品底部上都有清晰的产品商标标记，如果没有或者特别模糊，建议不要购买。

2. 试手感。同一规格的砖体，质量好、密度高的，手感都比较沉，质量差的则手感较轻。

3. 敲击瓷砖。若声音浑厚且回声绵长如敲击铜钟之声，则为优等品；若声音混哑，则质量较差。

设计详解：少纹理的白色玻化砖与整个餐厅的色调相融合，展现出现代风格简洁大方的风格特点。

材料搭配
白色玻化砖+黑色人造石踢脚线

黑白根大理石波打线

黑白根大理石是一种很有特色的国产大理石，此种石材的最大不足是极易开裂，一般是做点缀使用，很少有大面积使用，通常被用于波打线与装饰线的使用。黑白根大理石的养护方法和一般大理石一样，注意防止灰尘、酸碱液体的侵害，定期清洁，并打蜡抛光即可。

设计详解：采用黑白根大理石作为地面波打线，让两种不同颜色的地面材料显得更加有层次感，同时也彰显了新欧式风格空间的轻奢感。

材料搭配
米黄大理石+米白色大理石+黑白根大理石波打线

设计详解：餐厅地面采用色彩沉稳、纹理清晰的黑白根大理石进行装饰，让整个餐厅的地面设计更有层次感。

材料搭配
米黄大理石+黑白根大理石波打线+米色网纹玻化砖

装修小课堂

地面材料的选择

地板与地砖作为家居最常用的两种材料，其特点各有不同。地板的色泽度、柔软度极佳，给人的亲和度非常不错，而地砖则比较生硬。在保温性上，地板的保温性具有优势，而地砖由于热传导快，保温性能则相对差一些。在保养上，地砖的清洁和保养要快速方便得多，例如油渍、水迹等污染物，它们对地板的伤害比较严重，而对地砖则几乎无伤害。相对来说，地板在色泽、样式等选择上比地砖要弱一些，不太容易做出特别的效果。

实木踢脚线

踢脚线与阴角线、腰线一起起着平衡视觉的作用，它们的线形感觉及材质、色彩等在室内相互呼应，可以起到较好的美化装饰效果。常用的实木踢脚线有：泰柚木踢脚线、橡木踢脚线、红樱桃木踢脚线、胡桃木踢脚线等，可以根据使用空间的整体风格与地面、墙面的色彩来选择不同材质的实木踢脚线。

设计详解：地面材料的色彩搭配十分舒适，很好地提升了空间的层次感，营造了一个精致舒适的空间氛围。

材料搭配
白色实木踢脚线+大理石拼花

设计详解：以米色调为主的餐厅里，采用深红色实木踢脚线来进行墙地之间的过渡，很好地丰富了整个空间的选材与配色。

材料搭配
仿古砖拼花+实木踢脚线

设计详解：白色的护墙板与白色实木踢脚线的完美结合，让整个空间的设计更加有整体感，从而打造出一个舒适自然的用餐空间。

材料搭配
白枫木饰面板+白色实木踢脚线

黑金沙踢脚线

黑金沙属于花岗岩的一种，以黑色为底色，表现呈金色细粒、中粒、粗粒的粒状结构，按照颗粒分布可分为大金沙与小金沙两种。由于黑金沙的颜色较深，因此不适合大面积使用，通常情况下被用做踢脚线、装饰线或者波打线。在使用黑金沙作为踢脚线时，要根据整个空间的布局来确定踢脚线的高度。

设计详解：黑色的踢脚线与黑色餐桌相呼应，融入白色调的空间内，让整个空间的设计更有层次感。

材料搭配
黑金沙踢脚线+米白色无纹理玻化砖

设计详解：在传统中式风格空间内通常会采用米色+红色+无彩色的配色方式，餐厅地面采用黑金沙作为踢脚线，让整个空间的墙面与地面在设计上更加丰富，更有层次感。

材料搭配
黑金沙踢脚线+米色玻化砖

装修小课堂

独立餐厅空间的布局设计

相对而言，独立式餐厅是比较理想的格局。注意餐桌、椅、柜的摆放与布置需与餐厅的空间结合，如方形和圆形餐厅，可选用圆形或方形餐桌，居中放置；狭长的餐厅可在靠墙或窗一边放一张长餐桌，桌子另一侧摆上椅子，这样空间会显得大一些。

环氧树脂地板

环氧树脂地板是一种无缝地板，不易产生破裂与刮痕，同时又具有一定的弹性，是一种施工十分方便的地面装饰材料。环氧树脂是一种双液体材质，需将母剂与硬化剂按4：1~2：1的重量比例调配，经过搅拌热反应之后，需要在半小时内使用完毕，最后再进行硬化。

环氧树脂地板的施工共需要三层涂抹，首先是上底漆，主要作用是运用稀释过的环氧树脂涂料封住地面基层，增强上层涂料的咬合力；接下来是中材施工，需使用浓稠的涂料进行涂抹，这样能使地面更加平整，中层的涂抹必须要厚，涂料的等级强度要高，并添加石英砂防止气泡的产生；最后的步骤是上表层面材，将母剂添加滑石粉和颜料调配出理想的色彩即可。

设计详解： 色彩饱满亮丽的环氧树脂地板为浅色调的餐厅空间增添了丰富的设计感，同时有利于营造一个健康舒适的用餐空间。

材料搭配
彩色环氧树脂地板

06

卧室

卧室的设计要点

卧室是居家休息的主要场所，卧室的装修与布置直接影响到人们的生活、工作和学习。因此，卧室是家庭装修中的设计重点，在进行卧室设计时，要注重实用性，其次才是装饰性。

1. 卧室的色彩设计。在卧室的装修中，色彩的选择是最重要的，因为颜色对睡眠的影响非常大。卧室的装修色彩宜柔和、温馨，白色、乳白色、淡粉色、淡黄色、淡蓝色都比较合适。一般说来，由于卧室的特殊性，颜色要考虑气场的和谐。首先，卧室应禁止使用黑色的墙壁，黑色是忧郁的色彩，这种色彩的卧室容易使人经常做噩梦，严重影响睡眠。其次，最好不要用红色，红色虽说是吉祥之色，但用于卧室中就不合适了，红色会刺激人的神经，容易让人产生暴力倾向，影响夫妻和睦。

2. 卧室装饰材料。市场上可供用于卧室装饰的材料很多，有天然木材、乳胶漆、壁纸和软包等。在选择上，首先应考虑与房间色调及家具是否协调的问题。卧室的色调应以宁静、和谐为主旋律，面积较大的卧室，选择墙面装饰材料的范围比较广；而面积较小的卧室，偏暖色调、浅淡的小型图案较为适宜。在选择卧室墙面的装饰材料时，材料的色彩宜淡雅一些，太浓的色彩一般难以取得较满意的装饰效果，选用时应予以注意。

3. 卧室照明。卧室照明应该是中性的且令人放松的，并通过使用一个以上的照明点而得以最好地实现。要根据实际照明需要，合理配置灯光。梳妆台和衣柜需要明亮的光，以及考虑床周围的阅读照明。还需要考虑的是使用柔光灯泡，它可以用来突出一个特别的物体或与特性的聚光灯相组合，增强卧室的气氛。头顶照明适合使用调光开关以便于灵活地调节照明的亮度。梳妆台的布光，要保证来自镜子两侧的光线均匀，以避免在脸上投射阴影。

卧室顶面装饰材料

卧室顶面造型速查

现代简约风格卧室顶面造型

• 方形错层石膏板+灯带+石膏装饰线

• 平面石膏板+嵌入式银镜装饰线+石膏格栅

• 方形错层石膏板+灯带+嵌入式黑镜装饰线

• 平面石膏板+嵌入式茶镜装饰线

传统美式风格卧室顶面造型

• 方形错层石膏板+实木砖石线回字造型+红松木扣板

• 错层石膏板+棕色炭化木板吊顶

• 木质井字格造型+壁纸

• 方形错层石膏板+实木装饰横梁+灯带

清新田园风格卧室顶面造型

• 方形错层石膏板+灯带+银镜装饰线+石膏板波浪板

• 错层石膏板+圆角石膏顶角线+壁纸+灯带

• 方形错层石膏板+石膏雕花

• 条纹木饰面板+不锈钢条

古典中式风格卧室顶面造型

• 方形错层石膏板+灯带+黑镜装饰线回字造型

• 错层石膏板+实木格栅装饰线+灯带

• 错层石膏板+灯带+石膏板装浮雕

• 错层石膏板+实木装饰线+万字格造型

奢华欧式风格卧室顶面造型

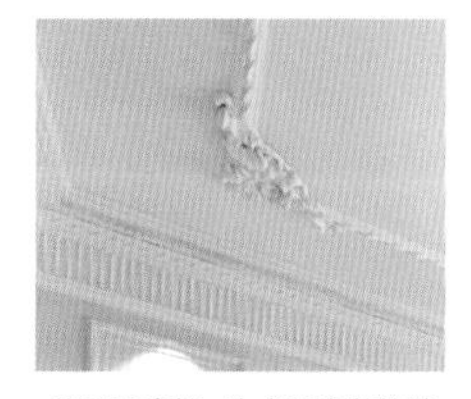

• 平面石膏板+法式石膏装饰线

• 错层石膏板+金箔壁纸+石膏浮雕描金+实木装饰线描金

• 跌级石膏板吊顶+金箔壁纸

• 软包+错层石膏装饰线

浪漫地中海风格卧室顶面造型

• 错层石膏板+白松木扣板尖顶造型+实木装饰横梁

• 错层石膏板+炭化木板+白松木扣板

• 石膏井字格造型+纸面饰面板

• 圆角方形错层石膏板+灯带+错层石膏装饰线

简欧式风格卧室顶面造型

• 跌级石膏板+灯带+石膏装饰线

• 弧形错层石膏板+石膏装饰浮雕+错层石膏板装饰线

• 圆形跌级石膏板+金箔壁纸+错层石膏装饰线

• 方形错层石膏板+金箔壁纸+灯带+错层石膏装饰线

石膏尖拱形吊顶

石膏尖拱形吊顶通常以内置木龙骨作为基层，做出尖拱形造型，再将石膏板饰面固定在基层底板上。因为尖拱形造型会占用大量的层高空间，才能实现尖拱形造型的设计效果，因此在设计尖拱形吊顶时，必须要确保空间的层高足够。

设计详解：卧室的顶面造型十分简洁，只在中心位置采用金箔壁纸进行点缀，再配合灯光的晕染，便将欧式的奢华感演绎得淋漓尽致。

材料搭配
石膏板尖顶造型+金箔壁纸

设计详解：阁楼改装的卧室空间，由于层高限制，选用尖拱造型的顶面进行修饰，可以有效地避免层架过低带来的压抑感。

材料搭配
纸面石膏板+白色乳胶漆

红实木顶角线

选择实木作为顶角线，可以根据室内的装饰风格来选择实木的品种及颜色。在传统的中式风格与美式风格家居装饰中，多会采用红色实木作为顶角线的装饰，例如，红橡木、红松木、红樱桃木等，都可以营造出传统风格古朴、精致的韵味。

设计详解：在卧室设计中，顶面选择与墙面同一颜色的装饰材料，可以很好地为空间提升整体感。

材料搭配
纸面石膏板+白色乳胶漆+红实木顶角线

设计详解：吊顶上的实木线条让整个顶面在造型设计上更有层次感，同时与床头墙面的窗棂造型相呼应，展现出中式风格的典雅与精致。

材料搭配
纸面石膏板+白色乳胶漆+实木顶角线

设计详解：卧室顶面采用与护墙板同一色调的棕红色实木作为装饰线，既能保证整个空间的整体感，又巧妙地使顶面与墙面衔接更加自然。

材料搭配
纸面石膏板+白色乳胶漆+红实木顶角线

设计详解：棕红色的实木顶角线与卧室小家具的颜色相同，既能体现空间的整体感，又能衔接顶面与墙面的过渡。

材料搭配
红实木顶角线+纸面石膏板+白色乳胶漆

如何选择卧室中的床

床与床垫是保证睡眠的重点，所以选个好床是十分必要的。床架主要有金属和木制两种，现在有很多采用布艺外包，让床的触感更舒适，而且不会在上下床时磕碰到身体，起到很好的保护作用。床板主要有排骨架和木板两种，带有符合人体工程学的排骨架是目前大多数人认为比较好的床架，能根据人体的曲线起到不同的支撑。床垫主要分弹簧床垫和乳胶床垫，里面的填充物各有不同。乳胶床垫的弹力好，天然乳胶有透气功能。弹簧床垫种类很多，现在流行的独立弹簧，人在翻动时不会影响到另一个人的睡眠。床不能过高或过矮，褥面距离地面最好是46~50厘米，过高上下床不方便，太矮易在睡眠时吸入地面灰尘，不利于健康。

弧形石膏装饰线

弧形石膏装饰线需要根据所装饰的空间顶面造型进行订制。通常有圆弧形与半弧形两种，普通石膏装饰线都是用在吊顶与墙面衔接的阴角处，而弧形石膏装饰线则可以根据顶面的设计造型用在吊灯周围或造型石膏板的四周，既能丰富顶面造型又能增加层次感。

设计详解：圆弧形的错层石膏板吊顶搭配暖色的暗光灯光，营造出一个温馨舒适的睡眠空间。

材料搭配

纸面石膏板+白色乳胶漆+圆弧形石膏装饰线

设计详解： 卧室顶面没有过于复杂的装饰造型，巧妙地融入一组圆弧形石膏装饰线，不仅能丰富顶面的造型，还凸显了新欧式精致简洁的风格特点。

材料搭配
纸面石膏板+白色乳胶漆+圆弧形石膏装饰线

设计详解： 圆弧形石膏装饰线与跌级石膏板吊顶的完美结合，让整个卧室的顶面设计十分有层次感。再通过暗光灯带的渲染，整个欧式风格卧室更显温馨、浪漫。

材料搭配
石膏板错层吊顶+白色乳胶漆+圆弧形石膏装饰线

中式窗棂装饰吊顶

中式窗棂造型具有浓郁的中国韵味，可以为居室带来古朴的书卷气息。除了在传统的中式风格中运用，中式窗棂也可以在现代风格家居中使用，传统与现代的混搭，更能显示出主人的生活品味。

设计详解：将木质窗棂装饰造型嵌入纸面石膏板，使整个顶面在色彩与造型上都得到了完美的提升。

材料搭配
木质窗棂装饰吊顶+纸面石膏板+白色乳胶漆

设计详解：嵌入石膏板内的木质窗棂使吊顶形成镂空的装饰效果，再搭配暖色的灯槽，烘托出一个温馨舒适的睡眠空间。

材料搭配
实木窗棂造型吊顶+纸面石膏板+白色乳胶漆

设计详解： 将木质窗棂造型与灯带完美地结合在一起，营造出中式风情的浪漫空间。

材料搭配
红樱桃木窗棂造型+纸面石膏板+灯带

设计详解： 卧室中采用大量的木质窗棂造型作为装饰，完美地突出了中式风格在设计上的整体感与对称感。

材料搭配
胡桃木窗棂造型+纸面石膏板+白色乳胶漆

石膏板跌级造型吊顶

跌级吊顶是指不在同一平面的降标高吊顶，类似阶梯的形式。跌级造型吊顶对顶面的高度要求比较严苛，在多种风格家居中都比较常见。为了确保空间设计形式的一致性，跌级造型吊顶要与空间的墙面、家具相互搭配，此外，在跌级造型中穿插一些木质装饰等材质，则更能突出跌级吊顶的凹凸立体感。

设计详解：跌级石膏板吊顶在欧式风格家居中十分常见，同时为了突出顶面层次，将描金装饰线固定在吊顶中央位置，给整个卧室空间增添了奢华的贵气美。

材料搭配
纸面石膏板+白色乳胶漆+木质装饰线描金

设计详解：为了突出跌级石膏顶面的设计造型，吊顶采用错层石膏装饰线来进行装饰，大大增强了整个顶面的凹凸感。

材料搭配
纸面石膏板+白色乳胶漆+法式错层石膏装饰线

设计详解：跌级造型的石膏板吊顶在造型上十分有层次感，再通过暗光灯带的晕染，很好地营造出一个温馨浪漫的睡眠空间。

材料搭配
纸面石膏板+白色乳胶漆

如何选择卧室窗帘

私密性是卧室重要的条件之一。如果卧室窗户与别家的窗口“对峙”，卧室的窗帘则要求厚重、温馨和安全，保证卧室的隐秘性。一般小房间的窗帘应以比较简洁的式样为好，防止小空间因窗帘的繁杂而显得更为窄小。对于大居室，适宜采用比较大方、气派、精致的窗帘式样。至于窗帘的宽度尺寸，一般以两侧比窗户各宽出100毫米左右为好，而其长度应视窗帘式样而定，不过短式窗帘也应该长于窗台底线200毫米左右为宜，落地窗帘一般应距地面20~30毫米。

石膏藻井吊顶

石膏藻井吊顶多以井字格造型居多，相比木质藻井吊顶的沉闷与压抑感，石膏藻井吊顶则多了一份轻盈感。在新欧式风格、地中海风格与现代风格家居中，石膏藻井吊顶比较常见。在顶面设计成一个个规律整齐的井字格造型，偶尔会添加一些镜面等特殊材质或镶嵌不同造型的石膏装饰线进行装饰搭配，更能展现出石膏板藻井吊顶的精致与独具特色的装饰效果。

设计详解： 卧室的顶面采用石膏藻井吊顶进行装饰，再搭配浅灰色的壁纸，很好地丰富了整个顶面的设计。

材料搭配

纸面石膏板+白色乳胶漆+壁纸

设计详解：面积相对较大、层架较高的卧室适合采用藻井造型吊顶，石膏藻井吊顶相比其他材质更加轻盈，不会让人产生压抑感。

材料搭配
纸面石膏板+白色乳胶漆

石膏藻井吊顶施工注意事项

在进行石膏藻井吊顶施工时，应注意石膏板与龙骨之间的固定，无论是用圆钉还是用木螺丝，钉帽都必须嵌入饰面板内。用铁锤垫铁垫将圆钉钉入板内或用螺丝刀将木螺丝沉入板内，再用腻子找平，可以有效地避免石膏板饰面起鼓的现象，但要注意不要损坏纸面石膏板的纸面。

木藻井吊顶

木藻井吊顶是用龙骨制作出顶面的造型，然后再用木饰面板进行表面装饰。木饰面板的颜色及纹理选择需要根据所装饰空间的风格、配色以及空间面积的大小来进行参考。例如，传统的美式风格与中式风格可以选择色彩沉稳、纹理通直、自然的胡桃木、橡木、樱桃木等做木藻井的饰面板；欧式风格与地中海风格则可以选择色彩素雅的水曲柳或白桦木来做顶面的表面装饰。

设计详解：将顶面设计成井字格造型，再以实木做包边修饰，既丰富了顶面的设计造型，又带来了色彩层次的提升。

材料搭配
纸面石膏板+实木装饰线

设计详解：卧室空间采用木藻井进行顶面装饰时，可以适当地对木饰面板进行一些色彩修饰，如绘制一些色彩淡雅的装饰花纹，既能很好地丰富设计造型，又能突出风格特点。

材料搭配
红樱桃木藻井造型吊顶

设计详解：简易藻井吊顶是将设计成井字格造型的实木横梁嵌入错层石膏板吊顶内，相比传统的木质藻井吊顶，它在视觉上更加轻盈，在选材上更加丰富，在造型上更加多变。

材料搭配
实木井字格造型+纸面石膏板+白色乳胶漆

如何避免龙骨松动

在安装龙骨时候，应注意小龙骨连接长向龙骨和吊杆时，接头处的钉子不能少于两颗，同时要配合使用强力乳胶液进行粘接以达到提高连接强度的作用，可以有效地避免龙骨松动。

卧室墙面装饰材料

卧室墙面造型速查

现代简约风格卧室墙面造型

• 无纹理硬包+实木装饰线

• 深棕色风化板+白色乳胶漆

• 浅木色风化板拓缝

• 彩色乳胶漆+装饰画

传统美式风格卧室墙面造型

• 木工板凹凸造型+红樱桃木饰面板+皮革软包

• 木工板凹凸造型+黑胡桃木饰面板+布艺软包+彩色乳胶漆

• 布艺软包+金属铆钉

• 彩色乳胶漆+木质装饰线

清新田园风格卧室墙面造型

• PVC发泡条纹壁纸

• 无纹理硬包+木质装饰线+壁纸

• 木饰面板混油+白枫木装饰线+彩色乳胶漆

• 木工板拱门造型+壁纸+白枫木百叶

古典中式风格卧室墙面造型

• 木工板凹凸造型+红樱桃木窗棂造型+壁纸

• 红樱桃木格栅+壁纸

• 手绘图案+圆角石膏板顶角线

• 壁纸+黑胡桃木装饰线

奢华欧式风格卧室墙面造型

• 木工板凹凸造型+软包+白枫木饰面板

• 木工板凹凸造型+木质装饰线+装饰黑镜+软包+壁纸

• 白枫木饰面板+壁纸+法式石膏装饰线

• 木工板凹凸造型+白桦木饰面板+布艺软包

浪漫地中海风格卧室墙面造型

• 石膏错层顶角线+壁纸+白枫木饰面板

• 错层石膏板顶角线+条纹壁纸+木质隔板+彩色乳胶漆

• 条纹壁纸+布艺幔帐

• 壁纸+木质隔板

简欧式风格卧室墙面造型

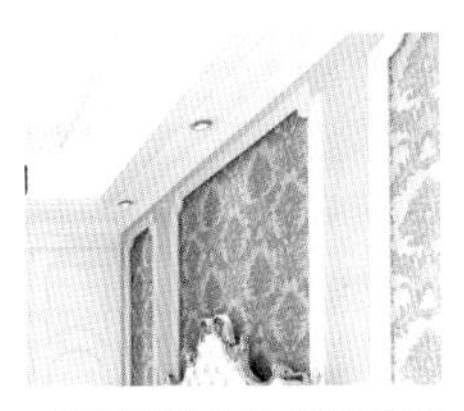

• 木工板凹凸造型+壁纸+白枫木装饰线

• 壁纸+白枫木装饰线+茶色烤漆玻璃

• 木工板凹凸造型+白枫木饰面板+肌理壁纸

• 木工板凹凸造型+软包+实木雕花贴玻璃

无纹理装饰硬包

无纹理装饰硬包的表面材质不仅限于皮革或布艺，还包括丝绸等高端面料材质。主要特征是表面纹理并不突出，是通过材质本身的触感、色彩与硬包造型的搭配，来起到装饰效果。在具体的墙面设计中，硬包中时常会穿插一些装饰镜、木饰面板、不锈钢条等多种材质，形成墙面装饰的多样化。

设计详解：床头墙面采用暖色的无纹理硬包来进行装饰，缓解了两侧大面积银镜给空间带来的冷意，很好地营造出一个温馨舒适的睡眠空间。

材料搭配
米色无纹理装饰硬包+车边银镜

设计详解：卧室墙面采用双色无纹理硬包进行装饰，再搭配带有传统欧式花纹的壁纸，让整个卧室墙面的设计更丰富，整个空间的氛围更温馨。

材料搭配
无纹理装饰硬包+白枫木装饰线+印花壁纸

设计详解：卧室墙的装饰硬包及饰面板都采用竖向排列方式，很巧妙地为整个空间增添了整体感。

材料搭配
无纹理装饰硬包+白枫木饰面板

如何设计卧室墙

床头板以及床头背景墙，你完全可以按照自己的想法去设计，使之独特且充满韵味。最简单的装饰有的时候也可以营造让人感觉温暖的美丽。如用艺术画多组并列来作为床头背景墙的装饰，不失为一种简单的办法。你可以挑选一组照片，将它们镶进相框中，为了保持它们的连贯性，相框底衬尺寸要统一，颜色要搭配。也可以采用布艺或皮革软包，只需选择喜爱的材料，就能获得不错的视觉效果。需要注意的是，软包床头多以织物和皮革包裹，应当用沾有消毒剂的湿布经常擦洗，这样才利于人的健康。总之，用什么装饰都不重要，只要精心搭配卧室的整体风格，效果就一定出彩。

布艺软包

布艺软包是将海绵等一些比较柔软的材料包裹在不同风格、花色、面料的布艺里面，质地柔软赋予墙面立体凹凸感，又具有一定的吸音效果。

设计详解： 白色布艺软包一方面为卧室带来舒适感，另一方面也缓解了大量深色调给卧室带来的沉闷感。

材料搭配
布艺软包+定向纤维板

设计详解： 现代风格卧室中选择带有金属色的布艺作为软包的表面装饰，再配合简洁的造型，让整个卧室更具有现代风格的舒适感。

材料搭配
布艺软包

软包的施工流程

1. 铺基板：先在墙面铺一层基板，方便软包型条的固定。

2. 钉型材：将型条按墙面画线铺钉，遇到交叉时在相交位置将型条固定面剪出缺口以免相交处重叠。遇到曲线时，将型条固定面剪成锯齿状后弯曲铺钉。

3. 铺放海绵：按照型条的尺寸填放海绵。将面料剪成软包单元的规格，根据海绵的厚度略放大边幅。

4. 插入面料：将面料插入型材内。插入时不要插到底，待面料四边定型后可边插边调整。如果面料为同一款素色面料，则不需要将面料剪开，先将中间部分夹缝填好，再向周围延展。紧靠木线条或者相邻墙面时可直接插入相邻的缝隙，插入面料前，应在缝隙边略涂胶水。如果没有相邻物，则将面料插入型条与墙面的夹缝，若面料较薄，则剪出一长条面料粘贴加厚，再将收边面料覆盖在上面，插入型条与墙面的夹缝，这样从侧面看上去就会平整美观。

设计详解：卧室墙面采用带有欧式古典花纹的布艺软包装饰，很好地缓解了大面积白色及银镜给空间带来的冷意。

材料搭配
布艺软包+车边银镜

设计详解：软包不仅适用于欧式风格空间，在现代风格卧室中也可以选择造型简洁的布艺软包装饰，从而达到通过材质特点营造温馨氛围的效果。

材料搭配
布艺软包+装饰银镜+白枫木饰面板

皮革软包

皮革软包是一种在室内墙表面用柔性材料加以包装的墙面装饰方法。它所使用的材料质地柔软，色彩柔和，能够柔化整体空间氛围，其纵深的立体感也能提升家居档次。除了具有美化空间的作用外，更重要的是它具有吸声、隔声、防潮、防霉、抗菌、防水、防油、防尘、防污、防静电、防撞的功能。

设计详解：皮革软包选择与壁纸相同的颜色，让整个卧室在色彩上更具整体感，从而打造出一个更加舒适的睡眠空间。

材料搭配
米色皮革软包+车边茶镜+白枫木饰面板

设计详解：卧室中以米色作为空间的主要配色，深色皮革软包的加入，让整个空间不论是色彩上还是选材上，都得到了完美的提升。

材料搭配
皮革软包

设计详解：双色皮革软包搭配金色铆钉，丰富墙面造型层次的同时，又能突出新欧式风格的轻奢美感。

材料搭配
皮革软包+胡桃木装饰线

设计详解：金属色的皮革软包与描金木质装饰线的搭配，让整个卧室空间更加有整体感，同时暖色调印花壁纸的加入，让整个睡眠空间更加温馨、舒适。

材料搭配
皮革软包+木质装饰线描金+印花壁纸

皮纹砖

皮纹砖是仿动物原生态皮纹的瓷砖。皮纹墙砖克服了传统瓷砖坚硬、冰冷的材质特性，从视觉和触觉上可以体验到皮革的质感。皮纹墙砖凹凸的纹理，柔和的质感，让瓷砖不再冰冷、坚硬。皮纹砖有着皮革质感与肌理，同时还具有防水、耐磨、防潮的特点。

设计详解：床头墙面充分利用了皮纹砖的纹理特点来进行装饰，再搭配银色装饰线，让整个空间都散发着现代风格的简洁美。

材料搭配
皮纹砖+银色木质装饰线

设计详解：整个卧室空间采用大量的米色作为空间的背景色，再通过材质的变化来进行色彩调节，红樱桃木饰面板的融入打造了一个十分舒适的睡眠空间。

材料搭配
红樱桃木饰面板+皮纹砖

皮纹砖的选购

1. 手拿皮纹砖观察侧面，检查其平整度；将两块或多块砖置于平整地面，紧密铺贴在一起，缝隙越小，说明砖体平整度越高。

2. 一只手夹住瓷砖的一角，提于空中，使其自然下垂，然后用另一只手的手指关节敲击砖体中下部，声音清脆者为上品，声音沉闷者为下品。

3. 检测吸水率是评价瓷砖质量的一个非常重要的方法。可以在瓷砖背面倒一些水，看其渗入时间的长短。如果瓷砖在吸入部分水后，剩余的水还能长时间停留其背面，则说明瓷砖吸水率低、质量好。反之，则说明瓷砖吸水率高、质量差。

设计详解：卧室墙面采用皮纹砖来装饰床头墙，在触觉与视觉上都能给人带来温暖与舒适的感觉，同时还可以充分利用材质的纹理来丰富墙面的设计层次。

材料搭配
皮纹砖+白枫木装饰线+壁纸

植绒壁纸

植绒壁纸既有植绒布所具有的美感和极佳的消声、防火、耐磨等特性，又具有一般装饰壁纸所具有的易粘贴的特点。植绒壁纸质感清晰、柔感细腻、密度均匀、牢度稳定且安全环保。相较 PVC壁纸，植绒壁纸不易打理，尤其是劣质的植绒壁纸，一旦沾染污渍则很难清洗，如果处理不当，壁纸则无法恢复原样，所以在选择植绒壁纸时，需要格外注重壁纸的质量。

设计详解：大花纹壁纸贴满整个床头墙面，充分利用壁纸的颜色、图案及质感来体现出卧室的舒适感。

材料搭配
印花植绒壁纸

设计详解：卧室墙面采用带有欧式传统图案的壁纸来搭配银镜及软包，既体现了设计的层次感，又展现了欧式风格的精致与奢华。

材料搭配
印花壁纸+装饰银镜+皮革软包+白枫木装饰线

设计详解： 床头墙面采用柔和细腻的植绒壁纸与软包搭配，让整个睡眠空间更加温馨舒适。

材料搭配
壁纸+皮革软包+白枫木装饰线

壁纸的日常保养

壁纸起泡：壁纸起泡是再常见不过的问题，主要是粘贴壁纸时涂胶的不均匀导致后期壁纸表面收缩受力与基层分离水分过多，从而出现的一些内置气泡。其实解决的方法很简单，只要拿一般的缝衣针将壁纸表面的气泡刺穿，将气体释放出来，再用针管抽取适量的胶黏剂注入刚刚刺的针孔中，最后将壁纸重新压平、晾干即可。

壁纸发霉：壁纸发霉一般发生在雨季和潮湿天气，主要是墙体水分过高。针对发霉情况不是太严重的壁纸的解决方法如下：用白色毛巾蘸取适量清水擦拭，再不然就用肥皂水擦拭。最好的办法莫过于到壁纸店去买专门的除霉剂。

壁纸翘边：壁纸翘边有可能是基层处理不干净、胶黏剂粘接力太低或者包阳角的壁纸边少于2毫米等等原因。解决方法：用贴壁纸的胶粉，抹在卷边处，把起翘处抚平，用吹风机吹10秒左右，再用手按实，直到粘牢，用吹风机吹到干燥即可。

壁纸的擦洗：用湿布或者干布擦洗有脏物的地方，不能用一些带颜色的原料污染壁纸，否则很难清除。擦拭壁纸应从一些偏僻的墙角或门后隐蔽处开始，避免出现不良反应造成壁纸损坏。

无纺布壁纸

无纺布壁纸流行于法国，是最新型、最环保的一种材质。它是采用天然植物纤维无纺工艺制成，具有良好的透气性及柔韧性，色彩纯正等特点，是家居装饰中比较高端并且十分畅销的一种壁纸。

设计详解： 顶面与墙面两处都采用同一样式的壁纸来进行装饰，提升空间设计层次的同时，还让整个卧室都洋溢着温馨浪漫的地中海情调。

材料搭配

植物图案无纺布壁纸+白枫木装饰线

天然纤维壁纸与人造纤维壁纸的辨别

无纺布壁纸由于加工工艺与造价不同，当今市面上会有天然纤维与人造纤维两种无纺布壁纸。顾名思义，天然纤维对人体是没有伤害的，而人造纤维由于添加了大量的化学添加剂，因此会对人体产生很大的危害。在辨别无纺布壁纸的时候，我们可以通过燃烧的方法来辨别所购买的产品属性。天然环保的无纺布壁纸火焰明亮，没有异味；人造纤维的无纺布壁纸火焰颜色比较浅，在燃烧过程中会有刺鼻的气味产生。

无纺布壁纸的施工及保养

无纺布壁纸的施工首先应做基层处理，基层处理是直接影响装饰效果的关键，应认真做好处理工作。对各种墙面总的要求是：平整、清洁、干燥，颜色均匀一致，应无空隙、凹凸不平等缺陷。在对旧墙面进行施工时，应先对墙体原抹灰层的空鼓、脱落、孔洞等用砂浆进行修补，清除浮松漆面或浆面以及墙面砂粒、凸起等，并把接缝、裂缝、凹窝等用胶油腻子分1~2次修补填平，然后满刮腻子一遍，用砂纸磨平。对木基层要求拼缝严密，不外露针头，接缝、针眼应用腻子铺平，并满刷胶油腻子一遍，然后用砂纸磨平。基层处理完毕之后，可以在墙面划垂线，这样能使壁纸的花纹、图案、纵横更加连贯一致，然后再使用胶水与壁纸粉来粘贴壁纸。无纺布壁纸不用湿水，只要将墙胶均匀刷在墙面上粘贴壁纸即可。在清洁保养时只需用拂尘掸去壁纸上的灰尘，再用干净的湿毛巾轻轻擦拭即可。

设计详解：卧室墙面没有复杂的造型设计，仅是通过壁纸本身的图案及材质纹理便能营造出一个十分舒适的空间氛围。

材料搭配
植物图案无纺布壁纸+装饰画

设计详解：卧室墙面以同色调作为配色手法，再通过材质的变化进行层次调整，更加凸显了植绒壁纸的质感，同时也给这个造型设计简洁的卧室空间增添了温馨感。

材料搭配
植物图案无纺布壁纸+有色乳胶漆+白枫木装饰线

PVC（聚氯乙烯）壁纸

PVC壁纸，顾名思义，就是用PVC为主要成分制成的壁纸。其表面装饰方法常通过印花、压花或印花与压花的组合等工艺完成。有一定的吸声、隔热、防霉、防菌功能，有较好的抗老化、防虫，无毒、无污染。更由于壁纸的表面涂覆有一层PVC膜，防水性能相对普通壁纸而言更好，耐擦洗性能也好，易于清洁，有着较好的更新和自我修复性能。

设计详解：整个卧室的床头墙面没有过多的复杂造型装饰，充分利用了PVC壁纸的立体纹理及装饰图案，便很好地营造出一个温暖舒适的睡眠空间。

材料搭配
印花壁纸

设计详解：卧室中的电视墙面没有过多的复杂设计造型，只是利用了PVC壁纸的立体感搭配白色装饰线，营造一个温馨浪漫的空间氛围。

材料搭配
PVC壁纸+白枫木装饰线

设计详解：采用色彩艳丽、纹理突出的壁纸来装饰床头墙面，同时搭配白色木质装饰线，营造出一个舒适又精致的欧式风格卧室。

材料搭配
印花壁纸+白枫木装饰线

设计详解：床头墙面采用大理石来进行装饰，为了避免大理石反光造成的不适感，其余墙面只选用印花壁纸，而没有设计其他造型，暖暖的米色与深色调的家具相结合，营造出一个舒适自然的美式风格卧室。

材料搭配
印花壁纸

PVC 壁纸的检测与选购

PVC壁纸的环保性十分重要，通常可以在选购时，简单地用鼻子闻一下，壁纸有无异味，如果刺激性气味较重，证明含甲醛、氯乙烯等挥发性物质较多。此外，还可以将小块壁纸浸泡在水中，一段时间后，闻一下是否有刺激性气味挥发。耐用性、耐脏性是PVC壁纸的主要特点，可以通过检查它的脱色情况、耐脏性、防水性以及韧性等来判断壁纸的好坏。比如用笔在表面划一下，再擦干净，看是否留有痕迹；或是用湿纸巾轻轻擦拭壁纸表面，看是否有脱色情况。除此之外，在选购壁纸时，可以观察PVC壁纸表面有无色差、死摺与气泡。最重要的是看清壁纸的对画是否准确，有无重印或者漏印的情况。一般好的PVC壁纸看上去自然、有立体感。此外，还可以用手感觉壁纸的厚度是否一致。

布纹砖

布纹砖又称仿布砖，是在石英砖的表面做出仿布纹理或仿针织处理，触感十分细腻。在选购布纹砖时，除了挑选喜爱的花色和纹理之外，还要注意砖的耐磨度、防滑度、抗酸碱度等。可以要求店家示范，例如：用锐利物在砖面上刮磨，来测试砖体的耐磨度；在表层滴几滴清水，用水摩擦测试砖体的防滑度。

设计详解：床头墙面采用印有淡花纹的布纹砖作为装饰材料，可以调节大面积棕红色带来的沉闷感，还可以丰富墙面的造型设计。

材料搭配
米色布纹砖+红樱桃木百叶

设计详解：当空间的背景色为同色调时，可以通过材质的变化来提升视觉层次感，白色装饰线的加入则提升了墙面在造型上的层次感。

材料搭配
布纹砖+壁纸+白枫木装饰线

风化板

风化板有实木板和铁皮夹板两种，是通过运用钢刷或喷砂磨除的处理手法进行表面纹理的处理。表面呈仿风化的斑驳、纹理凹凸感，可以根据木材本身的软硬度进行选择。制作风化板最常用的木种是梧桐木。梧桐木质地柔软、重量轻、色泽浅淡，能牢固地粘贴在壁面或柜体上，装饰效果极佳。

设计详解：将风化板以对称的形式装饰在床头墙的两侧，与窗棂造型形成一体，再搭配浅色壁纸，展现出属于中式风格的舒适美。

材料搭配
棕黄色风化板+米色壁纸

设计详解：床头两侧墙面采用风化板来搭配壁纸，充分利用了风化板表面凹凸的纹理来丰富空间的视觉感。

材料搭配
风化板+壁纸+木装饰线

如何设计儿童房

儿童喜欢卧室中色彩艳丽、有多种光的感觉，其装饰材料应该选择天然环保材料。儿童房的色彩宜以明快的浅黄、淡蓝等为主；到了青少年时期，男女特征表现明显，男孩子的卧室宜以淡蓝色的冷色调为主，女孩子的卧室最好以淡粉色的暖色调为主。对于十来岁孩子房间的室内照明设计，可以安装可调的、可夹式聚光灯具组合，也可使用运动轨道上的可调聚光灯，这样可以被安装在屋内的任何地方以提供良好的照明灵活性。

波浪板

波浪板是一种新型、时尚、艺术感极强的室内装饰板材，又称3D立体波浪板，可代替天然木皮、贴面板等。波浪板主要用于各场所的墙面装饰，其造型优美、结构均匀、立体感强、防火防潮、加工简便、吸声效果好、绿色环保。波浪板品种多样，现市面上有几十种花纹，可呈现近30种装饰效果。常用的厚度规格有12毫米、15毫米和18毫米，其中 15毫米是最常用的一种规格。

设计详解：床头墙面采用金黄色的波浪板作为装饰，再搭配米色的丝质幔帐，营造出古典欧式风格的温馨与浪漫。

材料搭配
金黄色波浪板+白枫木饰面板

科定板

科定板的底材是木材，在其表面使用木皮粘贴，可以用来装饰墙面或用在桌子、柜子等木质材料或夹板的表面。科定板属于低甲醛的绿色装饰材料，施工后没有任何气味。科定板在施工时应尽量避免使用强力黏胶，可使用低甲醛的白胶黏合，或搭配空气钉枪固定。

设计详解：衣柜与床头的颜色保持一致，给整个卧室增添了整体感，同时也有效地缓解了床头墙面过于平实的单一感。

材料搭配
棕红色科定板饰面衣柜

艺术墙贴

墙贴的图样多元化，使用方便，价格便宜，是相当便利又省钱的装饰工具。在粘贴墙贴时应先用抹布蘸一些清水或酒精，将墙面擦拭干净，再将墙贴粘贴于墙面上。为了避免墙贴粘贴不理想，可先轻压稍微固定，来观察整体比例与位置，确定位置后，再用力紧压固定即可。

设计详解：将白色的墙贴粘贴在米色调的墙面上，与木质隔板在色彩上相得益彰，很好地丰富了整个墙面的设计感。

材料搭配
艺术墙贴+白枫木隔板

设计详解：彩色艺术墙贴不仅丰富了床头墙的设计，同时也为整个卧室带来清新自然的气息。

材料搭配
有色乳胶漆+艺术墙贴

设计详解：将艺术墙贴粘贴在卧室电视墙上，再搭配暖色调的墙面，让整个卧室更加温馨自然。

材料搭配
艺术墙贴+壁纸

设计详解：在中式风格卧室中，选择一张富有中式特色的墙贴，一方面可以为墙面增添色彩上的层次感，另一方面可以展现出中式风格的韵味。

材料搭配
艺术墙贴+壁纸+实木装饰线

卧室地面装饰材料

卧室地面造型速查

现代简约风格卧室地面造型

• 竹木复合地板

• 浅橡木强化地板+几何图案混纺地毯

• 纯毛地毯+深棕色超耐磨地板

• 混纺地毯+实木地板

传统美式风格卧室地面造型

• 实木地板+仿动物皮毛地毯

• 米色亚光地砖+纯毛地毯

• 深棕色实木复合地板+艺术地毯

• 黄橡木实木淋漆地板+艺术地毯

清新田园风格卧室地面造型

• 深色木地板人字拼

• 黄橡木强化地板人字拼

• 淡纹理玻化砖+条纹地毯

• 竹木复合地板+纯毛地毯

古典中式风格卧室地面造型

• 实木地板人字拼

• 深褐色木纹地砖拼花

• 深色实木复合地板

• 纯毛地毯+深色超耐磨地板

奢华欧式风格卧室地面造型

• 欧式地毯整铺

• 棕红色木纹地砖V字拼

• 不规则尺寸木地板拼贴

• 洗白木纹砖拼花

浪漫地中海风格卧室地面造型

• 浅色超耐磨地板+欧式花边地毯

• 白橡木实木地板+纯毛地毯

• 无缝地板+艺术地毯

• 米黄色釉面地砖拼贴

简欧式风格卧室地面造型

• 实木复合地板深浅色拼贴

• 浅褐色木纹砖拼花

• 米色抛光地砖

• 深棕色海岛型地板人字拼

混纺地毯

混纺地毯品种很多，常以纯毛纤维和各种合成纤维混纺，用羊毛与合成纤维，如尼龙、锦纶等混合编织而成。混纺地毯的耐磨性能比纯羊毛地毯高出五倍，同时克服了化纤地毯易起静电、易吸尘的缺点，也克服了纯毛地毯易腐蚀等缺点。混纺地毯具有保温、耐磨、抗虫蛀、强度高等优点，弹性、脚感比化纤地毯好，价格适中，特别适合在经济型装修的住宅中使用。

设计详解：大面积的白色空间内，家具及地板的颜色选择了深色，为整个空间增添了稳重感。

材料搭配
实木地板+混纺地毯

设计详解: 地毯的选色及图案与整个卧室空间完美融合，让整个卧室在设计上更有整体感。

材料搭配
混纺地毯

装修小课堂

如何搭配地毯

地毯在空间里可以是主角，也可以是配角，完全取决于其花色和摆放手法。家具的颜色和地毯色调应该有个呼应，同色系是比较安全的做法，例如浅木色家具或线条较繁复的家具，不妨搭配深咖啡色或灰色等色彩“冷”一点的地毯，以免视觉上过于杂乱；反之，为求空间不要太素、太空洞，地毯的花样就可以热闹一点。

纯毛地毯

纯毛地毯的手感柔和，弹性好，色泽鲜艳，且质地厚实，抗静电性能好，不易老化褪色。但它的防虫性、耐菌性和耐潮湿性较差。纯毛地毯有较好的吸声能力，可以降低各种噪声。毛纤维热传导性很低，热量不易散失，因此具有很强的保暖性能。纯毛地毯还能调节室内的干湿度，并具有一定的阻燃性能。

设计详解：现代风格卧室中用无彩色作为空间的色彩搭配，大面积的黑色地板上，铺设一张浅灰色的长毛地毯，为整个卧室增彩不少。

材料搭配
实木地板+纯毛地毯

设计详解：长方形纯毛地毯铺设在暖色调的地板上，与整个卧室中其他装饰材料完美融合，营造出一个温馨舒适的睡眠空间。

材料搭配
强化复合地板+纯毛地毯

设计详解：纯毛地毯铺设在现代风格卧室中，让整个卧室洋溢着简洁又不失温暖的理性美。

材料搭配
纯毛地毯+淡纹理实木地板

纯毛地毯的选购

1. 看原料。优质纯毛地毯的原料一般是精细羊毛纺织而成，其毛长且均匀，手感柔软，富有弹性，无硬根：劣质地毯的原料往往混有发霉变质的劣质毛以及腈纶、丙纶纤维等，其毛短且粗细不匀，用手抚摸时无弹性、有硬根。

2. 看外观。优质纯毛地毯图案清晰美观，绒面富有光泽，色彩均匀，花纹层次分明，下面毛绒柔软，倒顺一致。而劣质地毯则色泽黯淡，图案模糊，毛绒稀疏，容易起球粘灰，不耐脏。

3. 看脚感。优质纯毛地毯脚感舒适，不黏不滑，回弹性很好，踩后很快便能恢复原状；劣质地毯的弹力往往很小，踩后复原极慢，脚感粗糙，且常常伴有硬物感觉。

4. 看工艺。优质纯毛地毯的工艺精湛，毯面平直，纹路有规则；劣质地毯则做工粗糙，漏线和露底处较多，其重量也因密度小而明显低于优质品。

欧式花边地毯

欧式花边地毯的色彩比较鲜艳，选择性也比较多，欧式地毯不仅仅限于使用在地面，也可以当做装饰品悬挂在墙面上。欧式地毯在使用上不同于其他风格的地毯，它可以大面积使用，甚至是整间卧室地面都用地毯来装饰，这样可以给卧室空间增加舒适感。

设计详解：长方形带有欧式传统图案的地毯应用在深色的地板上，让整个地面的设计更加有层次感。

材料搭配
实木地板+欧式花边地毯

设计详解：深色的地板与深色花纹地毯一方面为整个浅色调的卧室空间增添了稳重感，另一方面也展现出欧式风格的精致美感。

材料搭配
深褐色木纹砖拼花+欧式花边地毯

设计详解：深色调的地板为整个卧室空间增添了稳重感，同时地毯的色调与床头墙面壁纸的色调相呼应，让整个睡眠空间更多了一份舒适与安宁的感觉。

材料搭配
欧式花边地毯+实木地板

设计详解：铺设在深色调实木地板上面的花纹地毯，让整个地面的色彩更加丰富，同时也为整个睡眠空间增添了暖意。

材料搭配
欧式花边地毯+实木地板

仿动物皮毛地毯

仿动物皮毛地毯的图案花纹主要有仿斑马纹、仿豹纹及仿虎纹等。地毯主要以人造纤维或混合纤维为主要原料，反面则是乳胶材料，可以防滑、防水，在现代风格家居中是一种新型的装饰品，可以营造出一种自然原始的奢华感。

设计详解：黑白撞色的不规则地毯为整个暖色调的卧室空间增添了一丝现代感。

材料搭配
超耐磨地板+仿动物皮毛地毯

设计详解：新欧式风格卧室地面上铺设一张黑白色调的仿斑马纹地毯，在色彩上与墙面装饰线相呼应，给空间增彩的同时，也带来一定的整体感。

材料搭配
米色抛光砖+仿斑马纹地毯

设计详解：黑白相间的仿斑马纹地毯融入这个洋溢着温馨浪漫的空间中，给整个卧室增添了一丝生趣。

材料搭配
仿动物纹地毯+实木地板

设计详解：不规则造型的仿斑马纹地毯与卧室的整个色调相融合，展现出现代风格颇具简洁的温馨氛围。

材料搭配
强化复合地板+仿斑马纹地毯

设计详解：做旧效果的仿动物皮毛地毯为整个以米色调为背景色的卧室空间增添了几分沉稳感。

材料搭配
仿动物皮毛地毯+淡纹理实木地板

强化木地板

强化木地板也叫复合木地板、强化地板。一些企业出于不同的目的，往往会自己命名，例如，超强木地板、钻石型木地板等，不管其名称多么复杂、多么吸引人，这些板材都属于强化地板。强化地板的价格选择范围大，各阶层的消费者都可以找到适合自己的款式。强化地板耐污、抗酸碱性好，防滑性能好,耐磨、抗菌，不会虫蛀、霉变,尺寸稳定性好，不会受温度、湿度影响而变形，色彩、花样丰富。

设计详解：卧室空间采用大量的浅色作为背景色，深色地板的加入，为卧室增添了稳重感，让整个空间更加舒适。

材料搭配
深色强化木地板+艺术地毯

设计详解：地面设计采用深浅搭配的方式铺装地板，在略显沉稳的空间中，显得更加有层次感。

材料搭配
强化木地板+艺术地毯

设计详解：整个淡蓝色的卧室空间都散发着地中海风情的自由与浪漫，地面采用木色的强化木地板进行装饰，为整个卧室增色不少。

材料搭配
木色强化木地板+艺术地毯

卧室地面材料的选择

卧室的地面应具有保暖性，不宜选用地砖、天然石材和毛坯地面等令人感觉冰冷的材质，通常宜选择地板、地毯等质地较软的材质。在色彩上一般宜采用中性或暖色调，如果采用冷色调的地板，就会使人感觉被寒气包围而无法入眠，影响睡眠质量。正因为卧室的密封性相对比较好，而所选材料又大多为软性材质，因此对于环保性的要求要高于其他空间。

软木地板

软木地板被称为“地板的金字塔尖上的消费”，主要材质是橡树的树皮，与实木地板相比更具环保性、隔声性，防潮效果也更佳，具有弹性和韧性。软木地板非常适合有老人和幼儿的家庭使用，它能够产生缓冲，降低人们摔倒后的伤害程度。不用拆除旧地板，便可以铺设。软木地板的质量优劣，主要是看是否采用了更多的软木。软木树皮可分成几个层面，最表面的是黑皮，也是最硬的部分，黑皮下面是白色或淡黄色的物质，很柔软，是软木的精华所在。

软木地板相对其他类型的地板更具艺术性。它通常可以搭配各种各样的图案和颜色，软木地板的图案颜色可以跟其他摆设融为一体，让居室显得更加美观、整齐。

设计详解：深色的地板与床头墙、电视柜面板灯元素在色彩上相呼应，为整个空间加强整体感的同时也带来一丝稳重感。

材料搭配
深色软木地板+条纹地毯

设计详解：利用浅色调的软木地板来铺装卧室地面，可以有效地缓解大面积镜面带来的冷意，从而营造一个十分舒适的睡眠空间。

材料搭配
米色软木地板+纯毛地毯

复合竹木地板

复合竹木地板是通过将竹子切成薄片，以复合型木地板的做法，在木夹板上铺长薄竹子片，以此便能降低竹子的糖分与淀粉。此外，复合竹木地板还具有不受热胀冷缩等问题困扰的特点，所以在铺设的时候无须留缝，可以方便日后的清洁。

设计详解：复合竹木地板的色泽温润，纹理清晰自然，再搭配具有简欧风格样式的家具等元素，让整个卧室空间更加温馨自然。

材料搭配
复合竹木地板+纯毛地毯

设计详解：卧室墙面及顶面在配色及选材上都十分的淡雅，地板的颜色可以适当略深一些，如此能给空间带来几分稳定的感觉。

材料搭配
复合竹木地板

海岛型木地板

海岛型木地板是一种在木夹板表面贴实木皮的复合式地板，比实木地板的稳定性高。海岛型木地板有多种花色可选，常见的有白橡木、白栓木、柚木、黑檀木等；由于表面处理方式的不同，表面纹理有平面的或用钢刷处理过的凹凸纹理两种。

海岛型木地板的表层实木贴皮厚度常见的有0.6毫米、2毫米和3毫米等，表面实木贴皮越厚的地板，价格越贵。而一般来说，厚度最少不要小于0.6毫米，才能呈现出木质贴皮的质感，而且厚度越厚，纹理会更加清晰，质感更加。

设计详解：采用深色平面海岛型木地板来做地面装饰是空间沉稳感的主要来源，再搭配浅色的墙面及顶面，营造出一个十分宁静的空间氛围。

材料搭配
深色平面海岛型木地板

设计详解：地板的色泽饱满红润，纹理凹凸自然，让整个美式风格卧室都散发着古朴的自然感。

材料搭配
凹凸纹理海岛型木地板

超耐磨地板

超耐磨地板是经过剥皮后，保留了木质颜色的树木木屑，再通过高温高压和特殊技术的处理做成的木质地板。其中还添加了制造抗菌药的原料，加强了地板本身的安全性。超耐磨地板的表层为纸，加入三氧化二铝后，使表面具有抗磨特性；内层为高密度板，高密度板是由原木碎片、木材废料经过分解后，与合成纤维胶在一起压合而成。因此，与传统的木地板相比，超耐磨地板具有耐磨、易清洁、施工方便、快捷的优点。

设计详解：深色调的地板颜色稳重，让整个浅色调配色的卧室空间更加舒适，不会显得过于飘浮。

材料搭配
深色超耐磨地板

亚麻地板

亚麻地板又称为亚麻仁油地板，其主要成分是亚麻仁油、木粉、树脂和矿物颜料等。不含任何化学成分，是一种可分解的绿色环保材料。亚麻地板具有防虫、抗菌、不助燃等特点。亚麻地板的颜色主要是通过天然矿物质粉进行调配，因此其颜色丰富，可选度较广。

设计详解：卧室的整个配色都以淡米色为主，再搭配描金装饰线及小型家具来进行色彩调节，很好地营造出一个温馨舒适又不失华丽的欧式风格卧室。

材料搭配
浅色亚麻地板

无接缝地板

无接缝地板又被称为盘多磨。其色彩变化很多，加上表面会有自然气孔以及纹路，相比环氧树脂地板的硬度更大，更加稳定，不易产生刮痕。无接缝地板是以水泥作为基材，可添加任何色彩添加剂，因此色彩丰富。

设计详解：卧室地面采用无接缝地板作为装饰材料，充分利用了其纹理细腻，色彩柔和的特点，与四周墙面深色调的壁纸融合在一起，为整个睡眠空间增添了几分温馨与浪漫。

材料搭配
无接缝地板+白色木质踢脚线

实木UV（紫外光谱）淋漆地板

实木UV淋漆地板是实木烘干后经过机器加工，表面经过淋漆固化处理而成。它吸取了传统实木地板与强化地板的各种优点，由于实木UV淋漆地板的基材采用了高密度板，相比天然木材受力不均、收缩不平衡的缺陷，实木UV淋漆地板不易变形，不会产生开裂或起拱的现象。常见的实木UV淋漆地板的材质有柞木、橡木、水曲柳、枫木和樱桃木等。

设计详解：现代风格卧室中采用黄橡木地板作为地面装饰材料，一方面在色彩上调节层次，另一方面在材质上为空间增温。

材料搭配
黄橡木地板+纯毛地毯

设计详解：整个卧室空间以粉色作为主要装饰颜色，再加入黄橡木地板，充分利用其清晰自然的纹理来让整个空间的设计更有层次感。

材料搭配
黄橡木地板+条纹地毯

设计详解：卧室床头墙面采用大面积的黑色烤漆玻璃作为装饰，再搭配一些木质元素，两者巧妙地融合在一起，营造出十分有层次感的空间氛围。

材料搭配
水曲柳木地板+条纹地毯

装修小课堂

如何验收木地板

木地板的面层验收，应在竣工后三天内完成。悬浮式铺设木地板，面层幅面每边长度最大不能超过8米，相邻地板应留伸缩缝，做过桥连接处理。门口应隔断，木地板表面应洁净、平整、无毛刺、无裂痕，铺设应牢固、不松动。木地板铺设面层允许有偏差。地板铺设竣工后，委托双方（用户方与施工方）应及时进行铺设地板面层验收，对铺设总体质量、服务质量等予以评定，并办理签收手续。铺设施工方应出具地板保修卡(单)，承诺地板保修期内的义务。

浅褐木纹砖

相比木纹砖，浅褐木纹砖硬度更大，吸水率低，表面纹理更加粗犷。色彩以浅褐色、浅米色为主。由于浅褐木纹砖表面比较粗犷，因此更加适用于墙面的装饰使用。陶质的表面与浅色纹理更能营造出自然淳朴的乡村田园气息。

设计详解：卧室地面的色彩选择与墙面相得益彰，为整个空间增添了一定的整体感，同时也营造出一个温馨舒适的美式风格卧室。

材料搭配
木纹砖斜拼+艺术地毯

设计详解：卧室选择米色作为背景色，只是通过材质的变化来进行色彩层次的调整。为了确保空间的稳重感，可以选择深色的地板和小型家具来进行搭配。

材料搭配
石膏板浮雕+圆角石膏装饰线+白色乳胶漆

设计详解： 将浅褐色木纹砖斜拼在地面上，让整个卧室地面在造型上更加有设计感，再铺一张浅米色的地毯，则为空间增添了无限的暖意。

材料搭配
木纹砖斜拼+纯毛地毯

设计详解： 将木纹砖以横竖纹交错拼贴的方式粘贴于整个卧室地面，在设计造型上让整个卧室更有立体感，在色彩搭配上则营造出一个稳重舒适的睡眠空间。

材料搭配
木纹砖拼花

设计详解： 地面造型采用两种不同规格的地板进行铺装，增强了整个地面设计的立体感，再搭配一张彩色圆形地毯，让整个卧室空间更加舒适自然。

材料搭配
浅褐色木纹砖+圆形艺术地毯

塑胶地砖

塑胶地砖又叫PVC地砖，主要以PVC为原料，是由耐磨层等五层结构组成，经过特殊工艺处理，具有耐热、耐潮、抗菌、耐磨、防火阻燃等特点。塑胶地砖的表面花色纹理较多，通常以印刷贴面的木纹、石纹、金属纹最为常见。

设计详解： 地面选择木纹塑胶地砖来进行铺设，既耐磨耐用，又能为卧室带来一定的温度感。

材料搭配
木纹塑胶地砖+艺术地毯

07

厨房

厨房的设计要点

厨房是家务工作最频繁的空间，人们生活质量的好坏与厨房有直接的关系。

1. 合理的布置。在进行厨房设计时，平面布置应合理。应做到设备器具配置完备、色彩搭配协调，此外还可以适当地添加一些富有生活情趣的小点缀，会使厨房体现出家的温馨和美好。

2. 准确的选材。厨房的顶面、墙面、地面的材料选择应以方便日常清洁为主，同时地面材料应具备防滑功能。橱柜及台面的选材应注意其防火性及耐热性。

3. 使用方便。厨房的其他用具配置及布置应遵循方便顺手的原则，如，可以考虑在洗涤槽上方安装壁柜，灶台的墙上设隔架、挂钩等，这样可以随手将清洗完毕或使用后的用具，安放在合理的位置。

厨房顶面装饰材料

厨房顶面造型速查

现代简约风格厨房顶面造型

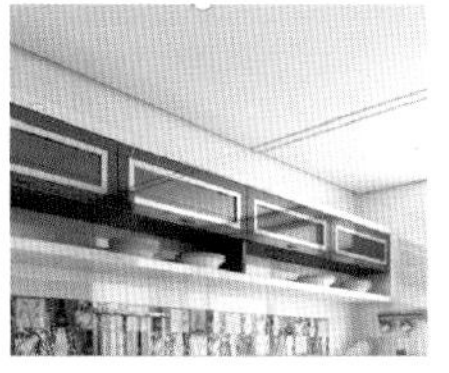
• 平面防潮石膏板拓缝

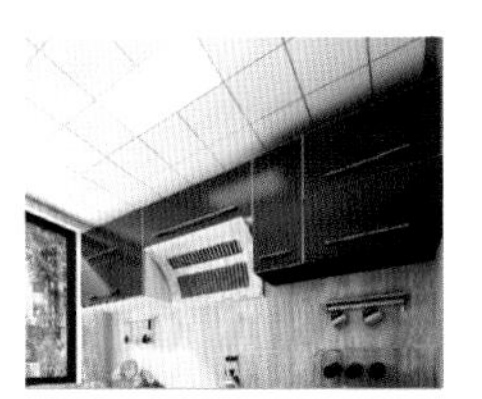
• 白色铝扣板

• 铝扣板+不锈钢条

• 木色炭化木扣板

传统美式风格厨房顶面造型

• 方形错层石膏板+错层石膏装饰线+灯带

• 洗白炭化木扣板

• 错层石膏板+实木装饰横梁

• 不规则形状平面石膏板

清新田园风格厨房顶面造型

• 亮面印花铝扣板

• 防潮石膏顶角线+平面石膏板+彩色防水乳胶漆

• 亮面米色印花铝扣板+实木顶角线

• 石膏板雕花镂空吊顶

古典中式风格厨房顶面造型

• 长方形错层石膏板+灯槽

• 木质圆拱形吊顶+平面石膏板

• 实木井字格造型+错层石膏板

• 黄松木扣板吊顶+实木顶角线

奢华欧式风格厨房顶面造型

• 石膏井字格造型

• 亮面印花铝扣板+白色PVC收边条

• 长方形错层石膏板+防潮石膏顶角线

• 印花PVC扣板+PVC收边条

浪漫地中海风格厨房顶面造型

• 错层石膏板+错层石膏装饰线

• 洗白木纹PVC扣板

• 白色PVC扣板

• 白松木扣板尖顶造型+防潮石膏板

简欧式风格厨房顶面造型

• 错层石膏板+灯带

• 错层石膏板+灯带+金箔壁纸

• 平面石膏板+防潮石膏顶角线

• 方形跌级石膏板+石膏板拓缝

陶瓷马赛克角线

陶瓷马赛克小巧玲珑，色彩斑斓，具有无穷的组合方式，十分适用于墙面与地面的装饰。使用陶瓷马赛克作为角线来装饰厨房的墙面与顶面，更能展现出独特的艺术魅力和个性气质，同时也能改变厨房一成不变的顶面设计。

设计详解：厨房的顶面与墙面都采用白色作为背景色，为彰显空间的层次感，黑色陶瓷马赛克的加入便成了整个厨房设计的点睛之笔。

材料搭配
防潮石膏板+黑色陶瓷马赛克

设计详解：厨房顶角线选择与墙砖同一颜色的陶瓷马赛克进行装饰，既能让顶面造型更加丰富，又能使墙面与顶面的衔接更加自然。

材料搭配
陶瓷马赛克+铝扣板吊顶

防潮石膏顶角线

好的防潮石膏不仅用了防水护面纸张，石膏浆中也添加了防水剂。防潮石膏顶角线适用于厨房、卫生间等水汽相对比较大的地方。相比木质顶角线、PVC顶角线，石膏顶角线的可塑性更强，可以制作出更多的造型与花样，装饰效果更佳。

设计详解：当厨房的顶面选用平面防潮石膏板作为装饰材料时，为了使墙砖与石膏板的衔接更加自然，可以选用同样具有防潮功能的错层石膏装饰线来搭配。

材料搭配
纸面防潮石膏板+防潮石膏顶角线+白色乳胶漆

设计详解：圆角造型的装饰线用来做橱柜与顶面的衔接，可以更加自然。

材料搭配
PVC扣板+防潮石膏顶角线

设计详解: 平顶造型的石膏板吊顶搭配圆角形石膏装饰线，增添了整个厨房顶面的设计感与层次感。

材料搭配
纸面石膏板+白色乳胶漆+防潮石膏顶角线

设计详解: 防潮石膏顶角线制作成圆角形，可以更加自然地衔接顶面与墙面，让整个厨房空间在设计上更加有整体感。

材料搭配
纸面石膏板+白色乳胶漆+防潮石膏顶角线

装修小课堂

如何布置厨房空间的电器

随着厨房电器的不断增加，厨房中的电器安全也显得越为重要。在处理内置式家电时，应预留边位，以便电器检修时易于移动。冰箱进厨房已是时下装修的趋势，但位置不宜靠近灶台，因为后者经常产生热量而且又是污染源。同时冰箱也不宜接近洗菜池，避免因溅出来的水导致冰箱漏电。

铝扣板

铝扣板是以铝合金板材为基底，通过开料、剪角、膜压成型制造而成的。铝扣板表面使用各种不同的涂层加工得到各种铝扣板产品。随着工艺的发展，铝扣板已经五花八门，各种不同的加工工艺都运用到其中，像热转印、釉面、油墨印花、镜面、3D等，都是近年来最受欢迎的家装集成铝扣板。相比其他材质的板材，铝扣板的花色更多，使用寿命更长。

设计详解：印有组合图案的铝扣板为整个配色单调的厨房空间增添了设计的层次感。

材料搭配
铝扣板

设计详解：采用印花铝扣板来进行顶面装饰，再搭配嵌入式吸顶灯，让整个厨房的顶面造型更加有层次，烘托出一个温馨愉悦的空间氛围。

材料搭配
印花铝扣板

设计详解：如果厨房的整体橱柜颜色略深，采用亮面印花铝扣板来进行顶面装饰会是个不错的选择，能够很好地缓解大面积深色带来的压抑感。

材料搭配
印花铝扣板

铝扣板吊顶的优点

1. 铝扣板具有良好的防潮、防油污和阻燃特性，而且美观大方，运输及安装也十分方便。

2. 铝扣板还具有非常出色的耐腐蚀性，抵御各种油烟、潮湿环境，同时还具有抗紫外线的功能。

3. 因其卫生间和厨房都是整个家居中很重要的地方，所以在吊顶的选材上肯定要选择环保、无毒无味、易清洗、硬度高、防火、不粘污渍的材质，而铝扣板就是不错的选择。

4. 铝扣板的使用寿命较长，不易变色和变形，价格适中，是一种物美价廉的装饰材料。

铝扣板吊顶的主要用途

铝扣板吊顶主要用于卫生间和厨房。因厨房主要是油渍和水汽太多，所以需要选择防油污的材料。卫生间虽说没有太多的油渍，但是大量的水汽也使其在安装吊顶时要注意材质的选择，而铝扣板具有良好的防潮性能，是卫生间吊顶装饰材料的最佳选择。

设计详解：深棕红色的实木橱柜与地面的颜色相呼应，为了避免大面积深色所带来的沉闷感，顶面白色印花铝扣板的应用则有效地提亮了整个空间配色。

材料搭配
白色印花铝扣板

PVC扣板

PVC扣板是一种最为常见的吊顶材料。它以聚氯乙烯树脂为基料，加入一定量抗老化剂、改性剂等助剂，经混炼、压延、真空吸塑等工艺而制成的。PVC扣板吊顶特别适用于厨房、卫生间的吊顶装饰。它的主要优点是：材质重量轻、安装简便、防水防潮、防蛀虫，表面的花色图案变化也非常多，并且耐污染、好清洗，有隔音、隔热的良好性能，特别是新工艺中加入阻燃材料，使用更为安全。但是与金属材质的吊顶板相比，不足之处是使用寿命相对较短。

设计详解：白色PVC扣板作为厨房的顶面装饰，与米色无纹理的墙砖相搭配，营造出一个干净整洁的厨房空间。

材料搭配
白色PVC扣板

PVC 扣板的质量鉴别

由于PVC扣板生产厂家大小不一，质量也是参差不齐，我们可以通过以下几种方法来鉴别扣板的质量：

1. 看产品包装有无厂名、地址、电话、执行标准，如果缺项较多，则基本可认定为伪劣产品或不是正规厂家生产。

2. 查验塑钢的刚性，用力捏板茎，捏不断，则刚性好。

3. 查验韧性，180° 折板边10次以上，板边不断裂，则韧性好。

4. 查验板面牢固，用指甲用力掐板面端头，不产生破裂则板质优良。

5. 优质扣板的板面色泽光亮，底板色泽纯白莹润。

设计详解： 顶面将PVC扣板采用灰白撞色的方式拼贴在一起，很巧妙地丰富了整个顶面的设计造型，从而营造出一个舒适的烹饪工作空间。

材料搭配
灰白双色PVC扣板

设计详解： 整个厨房的配色丰富却不失雅致，尤其是顶面淡色调的几何图形扣板，为整个厨房增添了清新的感觉。

材料搭配
几何图案PVC扣板

设计详解： 将厨房顶面的PVC扣板采用双色斜拼的方式进行安装，让造型平实的厨房顶面更加有层次感。

材料搭配
双色PVC扣板斜拼

PVC 扣板的选购指南

选购PVC扣板吊顶型材时，除了要向经销商索要质检报告和产品检测合格证之外，还可以通过目测来观察外观质量。首先要求外表美观，板面平整光滑，无裂纹，无磕碰，能拆装自如，表面有光泽无划痕，用手敲击板面声音清脆；其次，闻闻板材，如带有强烈的刺激性气味，则对身体有害，应选择无味安全的产品吊顶。

厨房墙地通用装饰材料

厨房墙面、地面造型速查

现代简约风格厨房墙面造型

• 淡网纹抛光墙砖

• 米色仿洞石墙砖

现代简约风格厨房地面造型

• 淡纹理玻化砖拼花

• 洗白木纹地砖顺铺

传统美式风格厨房墙面造型

• 双色釉面墙砖拼贴

• 米色山纹亚光墙砖

传统美式风格厨房地面造型

• 米色无纹理防滑地砖拼花

• 双色亚光地砖菱形拼贴

清新田园风格厨房墙面造型

• 双色金刚砂瓷砖菱形拼贴

• 陶瓷马赛克

清新田园风格厨房地面造型

• 米色金刚砂瓷砖

• 双色玻化砖拼花

古典中式风格厨房墙面造型

• 米色金刚砂瓷砖+艺术腰线+条纹壁纸

• 彩色釉面砖+木质直角造型隔板

古典中式风格厨房地面造型

• 仿砂岩地砖+黑白根大理石波打线

• 双色玻化砖回字形拼贴

奢华欧式风格厨房墙面造型

• 洗白木纹砖顺铺

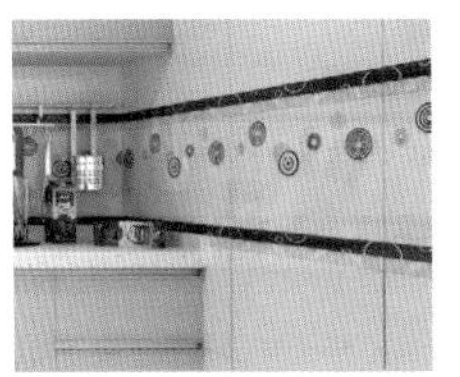
• 白色抛光瓷砖+艺术瓷砖

奢华欧式风格厨房地面造型

• 仿古防滑地砖拼花

• 陶瓷马赛克拼花+灰色金刚砂瓷砖

浪漫地中海风格厨房墙面造型

• 彩色乳胶漆

• 彩色釉面砖菱形拼贴

浪漫地中海风格厨房地面造型

• 仿古砖拼花

• 仿中花白大理石地砖

简欧式风格厨房墙面造型

• 米色雾面墙砖

• 艺术瓷砖腰线+米黄色网纹瓷砖

简欧式风格厨房地面造型

• 撞色玻化砖菱形拼贴

• 浅灰色金刚砂瓷砖

彩色釉面墙砖

釉面砖，顾名思义就是表面经过施釉和高温高压烧制处理的瓷砖。这种瓷砖由土坯和釉面两个部分构成。一般有亮光釉面砖和亚光釉面砖两种。亮光釉面砖，砖体的釉面光洁干净，光的放射性良好，这种砖比较适合铺贴在厨房的墙面。亚光釉面砖，砖体表面光洁度差，对光的反射效果差，但给人的感觉比较柔和舒适，适于客厅墙面的装饰。

设计详解：色彩丰富饱满的釉面砖作为厨房的墙面装饰，很有效地缓解了白色橱柜的单调感，营造出一个丰富多彩的厨房空间。

材料搭配
彩色釉面砖

设计详解：双色菱形拼贴的釉面砖，让厨房的墙面设计更加丰富，更有层次感。

材料搭配
双色釉面砖

设计详解：将彩色釉面墙砖采用撞色拼贴的方式粘贴在墙面上，同时搭配具有相同色调的橱柜，让整个厨房空间色彩浓郁又有整体感。

材料搭配
彩色釉面墙砖

如何选购釉面砖

1. 看。合格的釉面砖不应有夹层和釉面开裂现象；砖背面不应有深度为1/2砖厚的磕碰伤；砖的颜色应基本一致；距砖1米处观测，好的釉面砖不应有黑点、气泡、针孔、裂纹、划痕、色斑、缺边、缺角等表面缺陷。

2. 听。捏住砖的一角将砖提起，用金属物轻轻敲击砖面，听听发出的声音。一般来说，声音清脆的砖密度大、强度高、吸水率较小，质量较好；反之，声音闷哑的砖密度较小、强度较低、吸水率较大，质量较差。

3. 量。即用尺量的方法检查砖的几何尺寸误差是否在允许范围内。一般来说，长度和宽度的误差，正负不应超过0.8毫米；厚度误差，正负不应超过0.3毫米。检查的时候，应随机抽样，即在不同的箱子里取样检查，数量为总数的10%左右，但不要少于3块。

4. 比。随意取两块砖，面对面地贴放在一块，看一看是否有鼓翘。再将砖相对旋转90°，看一看周边是否依然重合。如果砖面相贴紧密，无鼓翘，旋转后周边依然基本重合，就可以认为所查釉面砖的方正度和平整度是比较好的。

清玻璃间隔墙

清玻璃有着轻盈的质感，视线通透，因此它能身负间隔与放大空间这两个相冲突的功能。另外，光线不受阻挡，让空间更加通透，因此在小面积住宅设计中，清玻璃是室内设计中最常运用的装饰材料之一。在使用清玻璃作为间隔时，应尽量选择厚度在1厘米左右的玻璃。

设计详解：厨房间隔墙的边框选材与橱柜、餐椅相同，让整个空间更有整体感，营造出一个具有中式风格韵味的厨房空间。

材料搭配
红樱桃木立柱+清玻璃

设计详解：厨房与客厅之间的间隔墙采用清玻璃来进行装饰，既能有效地划分空间，又能保证两者的采光不受影响。

材料搭配
钢化清玻璃

设计详解：当厨房与阳台相邻时，可以采用具有良好通透感的清玻璃作为两者之间的间隔墙，既能保证厨房良好的采光，又可以有效区分两个空间。

材料搭配
清玻璃间隔

装修小课堂

厨房装修要注意空气质量

厨房装修中，应重视嗅觉问题。厨房内的不少气体会对人体健康产生一定危害，烹饪过程产生的油烟中，除含有一氧化碳、二氧化碳和颗粒物外，还会有丙烯醛、环芳烃等有机物质。尤其是对于开放式厨房，空气流动范围较大，如果抽油烟机不能很好地聚敛排放油烟，就会造成餐厅和客厅的油烟废气污染。降低油烟污染的方法首先是加强厨房的排换气系统，其次是尽量改变一些烹调方式。开放式的厨房要缓解油烟污染，可以在灶台与抽油烟机间附加一个半开放式的隔层，这样能有效聚敛烹饪过程中产生的油烟。

仿石材砖

仿石材砖不会产生放射性污染，同时也避免了天然石材的色差，保持了天然石材的纹理，因此使得每一片仿石材砖之间的拼接更自然。目前市场上仿石材砖与造价非常高的天然大理石相比，价格更易于接受，因而很受消费者的青睐。

设计详解：欧式风格厨房内选用米黄色无缝仿大理石砖作为墙面装饰，让整个厨房的墙面更有整体感，同时更方便日常保洁。

材料搭配
米黄色无缝仿大理石砖

设计详解：将仿石材砖粘贴在厨房的整个墙面，充分利用墙砖本身的纹理来实现装饰效果，打造出一个颇具整体感的厨房空间。

材料搭配
米色仿大理石砖

仿石材砖的选购

1. 听。将仿石材砖立起来，用手敲击砖体。声音越清脆，证明砖体的密度越高，品质就越好；反之声音越沉闷，证明砖体的密度越差。

2. 摸。用手触摸仿石材砖的表面，感受其表面的防滑性能，这一点非常重要。

3. 看。看花色纹理。高端的仿石材砖纹理自然、逼真，有很大的随机性，几乎没有完全相同的砖体；看背面的颜色是否纯正，仿石材砖背面纯正的颜色一般是乳白色，如果背面颜色发黑、发黄，且易断裂，则说明砖体内杂质较多。

防滑地砖

防滑地砖通常是砖面带有褶皱条纹或凹凸点，以增加砖面与人体脚底或鞋底的摩擦力，防止打滑摔倒。由于防滑地砖的表面纹理比较突出，因此在使用时应注意及时清理污垢，否则容易形成污垢堆积，给清洁与保养带来不便。

设计详解：做旧效果的防滑地砖与墙砖、橱柜等元素相结合，展现出美式风格的质朴感。

材料搭配
做旧防滑地砖

设计详解：深色调的地砖让整个厨房沉稳下来，与浅色的墙面、顶面形成对比，增添了空间的纵深感。

材料搭配
防滑地砖+黑色人造石踢脚线

设计详解：由于厨房的特殊性，使用防滑地砖来装饰厨房地面，既考虑到材料的功能性，又不乏装饰效果。

材料搭配
做旧米色防滑地砖+深啡网纹大理石波打线

设计详解：防滑地砖的四角采用三角形的陶瓷马赛克进行点缀装饰，让整个厨房的地面铺装更有设计感。

材料搭配
米色防滑地砖+陶瓷马赛克

金刚砂瓷砖

金刚砂瓷砖是在陶砖表层铺上了一层天然矽砂，再重新放入窑炉内烧制，天然矽砂会密实地和陶砖融合，使用再久都不会脱落。表层由于这层天然矽砂，让金刚砂瓷砖具有很好的防滑效果。由于花色选择上较少，外观朴素，一般多会用在厨房的地面装饰，如果想增添一些装饰效果，可以与普通防滑地砖搭配拼贴。

设计详解：灰色调的瓷砖不仅为整个厨房空间增添了洁净感，同时也体现了现代风格的配色特点。

材料搭配
浅灰色瓷砖

设计详解：厨房的橱柜颜色比较深，搭配带有发白做旧效果的瓷砖，营造出一个古朴雅致的厨房空间。

材料搭配
做旧瓷砖

设计详解：厨房墙面、地面同时采用米灰色调的金刚砂瓷砖作为装饰材料，一方面在色彩上给空间带来层次感，另一方面在选材上给空间增添整体感。

材料搭配
米灰色金刚砂瓷砖

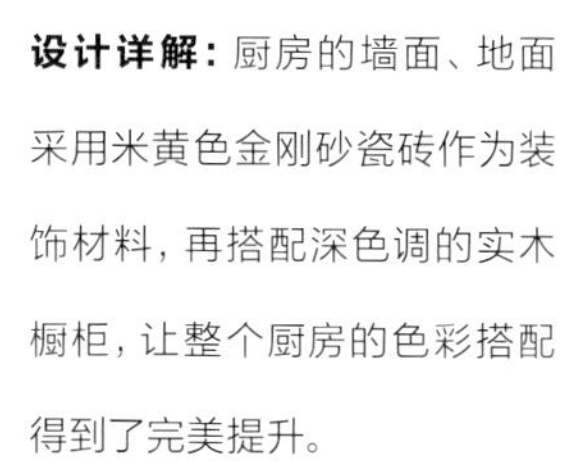

设计详解：厨房的墙面、地面采用米黄色金刚砂瓷砖作为装饰材料，再搭配深色调的实木橱柜，让整个厨房的色彩搭配得到了完美提升。

材料搭配
米黄色金刚砂瓷砖

厨房台面、橱柜

厨房台面与橱柜样式速查

现代简约风格厨房台面与橱柜

• 黑色人造石台面+白色防火板橱柜

• 花岗岩台面+浅灰色吸塑橱柜

传统美式风格厨房台面与橱柜

• 米白色人造石台面+实木橱柜

• 花岗岩台面+实木橱柜

清新田园风格厨房台面与橱柜

• 米黄色网纹人造石台面+仿木纹三聚氰胺饰面橱柜

• 白色人造石台面+实木书柜

古典中式风格厨房台面与橱柜

• 花岗岩台面+深色吸塑橱柜

• 米色人造石台面+实木橱柜

奢华欧式风格厨房台面与橱柜

• 深色人造大理石台面+白色三聚氰胺饰面橱柜

• 绯红网纹人造石台面+白色实木橱柜

浪漫地中海风格厨房台面与橱柜

• 花岗岩橱柜+白色防火板橱柜

• 深色人造石台面+白色防火板橱柜

人造石台面

人造石台面是一种新型的复合材料，是用不饱和聚酯树脂与填料、颜料混合，加入少量引发剂，经一定的加工程序制成的。在制造过程中配以不同的色料，可制成具有色彩艳丽、光泽如玉、酷似天然大理石的制品。人造石台面易打理，且非常耐磨、抗渗透力强，没有接缝，烹饪过后打扫起来省时又省力，因此非常适合喜好中餐的家庭。

设计详解： 色泽温润、装饰纹理清晰自然的人造石台面搭配白色橱柜，给整个以米色调为背景色的厨房带来了一色清新自然的感觉。

材料搭配
石膏板浮雕+圆角石膏装饰线+白色乳胶漆

设计详解： 整个厨房的配色都以浅淡色调为主，将黑色人造大理石台面巧妙地融入其中，无论是在色彩搭配上，还是在材料选择上，都可以成为整个厨房的点睛之笔。

材料搭配
黑色人造大理石台面

花岗岩台面

花岗岩质地坚硬，强度高，耐腐蚀，耐磨损，吸水性低，色泽美丽，具有独特的、不规则的花纹，给人的感觉舒服自然。作为一种天然石材，花岗岩可按色彩、花纹分为不同级别。例如按色彩可分为黑色系、棕色系、绿色系、灰白色系、浅红色系及深红色系。

设计详解：小面积的厨房空间都采用了浅色来作为背景色的装饰，深色花岗岩台面的加入，为整个空间增添了层次感。

材料搭配
深色花岗岩台面

设计详解：厨房台面与橱柜、墙饰材料完美融合，打造出一个自然舒适的空间氛围。

材料搭配
花岗岩台面+红砖+彩色釉面砖

花岗岩台面的日常护理

1. 清洁台面时用柔软的抹布，清洁剂最好是中性的，非研磨性的。最好用温和的洗涤液兑水后使用。

2. 一些日用清洁剂可以用来清洁台面但会留下痕迹，偶尔使用这些产品是可以的。请记住，越刺激的产品越容易破坏台面上的养护剂。温水和海绵是最好的清洁产品。

3. 醋混合水制成溶液能很好地清除污迹、油污等。

4. 避免含有柠檬酸、醋或其他酸性的产品接触纯黑色花岗岩，因为台面易被酸腐蚀。

5. 偶尔使用家具打光料可防止指纹弄花花岗岩，并使台面看起来更漂亮。

6. 如果台面上有缝隙，最好避免把高温的物品放到缝隙处，以免缝隙处的环氧树脂长时间暴露在高温下而融化。

实木橱柜

实木橱柜环保美观，纹路自然，给人返璞归真的感觉。传统的实木橱柜在造型上加入雕花、格栅等装饰，让整个柜体更加出彩。现行的实木橱柜主要分为纯实木橱柜、实木复合橱柜和实木贴面橱柜。纯实木橱柜对木种的一致性要求较高，整体自然，效果好；实木复合橱柜以实木拼接料为基材，表面贴实木皮，同样能达到实木的视觉效果；实木贴面橱柜是在密度板的表面贴实木皮。后两种的优点是避免表面原材料的色差和缺陷，达到纹理颜色效果一致，不易变形。而纯实木类橱柜强度大，使用年限长；后两种由于水性均匀，抗变形，较美观。实木橱柜运用最多的风格就是传统的古典风格与乡村风格。

设计详解：厨房顶面的横梁选择与实木橱柜同一颜色，给厨房空间在设计上增添了整体感。

材料搭配
棕红色实木橱柜+木质装饰横梁

设计详解：以红色实木橱柜搭配米色淡网纹抛光砖，营造出一个十分温馨的厨房空间，白色人造石台面的加入则让整体空间的配色层次得到提升。

材料搭配
红樱桃木橱柜+米色淡网纹抛光砖+白色人造石台面

设计详解：欧式风格的厨房设计主要体现在橱柜的色彩与样式上，棕红色的实木橱柜配上金色把手，完美地展现出欧式风格家具的精致品味。

材料搭配
棕红色实木橱柜+米色网纹亚光墙砖

三聚氰胺板橱柜

三聚氰胺板亦称双饰面板。它是整体橱柜中门板的一种人造板材，以刨花板作基材，在表面覆盖三聚氰胺浸渍过的电脑图案装饰纸，用一定比例的黏合剂高温后制成的装饰板材。在生产过程中，一般是由数层纸张组合而成，数量多少根据用途而定。一般由表层纸、装饰纸、覆盖纸和底层纸等组成。

设计详解：用彩色三聚氰胺板来装饰橱柜，让整个厨房空间都散发着一丝温馨与浪漫的气息。

材料搭配
彩色三聚氰胺板橱柜

表层纸

表层纸放在装饰板最上层，起保护作用，使加热加压后的板表面高度透明，板表面坚硬耐磨，这种纸要求吸水性能好，洁白干净，浸胶后透明。

装饰纸

装饰纸即木纹纸，是装饰板的重要组成部分，包括底色或无底色。印刷有各种图案的装饰纸，放在表层纸的下面，在整体橱柜的设计中主要起装饰作用。这层纸要求具有良好的遮盖力、浸渍性和印刷性能。

装修小课堂

如何选择厨房中表面装饰材料

厨房是个潮湿易积水的场所，所有表面装饰用材都应选择防水耐水性能优良的材料。地面、操作台面的材料应不漏水、不渗水。墙面、顶棚材料应耐水、可用水擦洗。橱柜内部设计的用料必须易于清理，最好选用不易污染、容易清洗、防湿、防热而又耐用的材料，像瓷砖、防水涂料、PVC板、防火板、人造大理石等，都是厨房中运用得最多的安全材料。

设计详解：厨房的橱柜选择白色，可以让整个厨房空间显得更加干净整洁。墙面、台面的颜色可以用米色，这样既不会破坏整洁的氛围，又能增加设计层次感。

材料搭配
白色三聚氰胺板橱柜+米色花岗岩台面

设计详解：以大量白色作为厨房空间的背景色，再搭配米色直纹橱柜，让整个厨房洁净又不失色彩层次感。

材料搭配
仿木纹三聚氰胺板橱柜

覆盖纸

覆盖纸也叫钛白纸，一般在制造浅色装饰板时，放在装饰纸下面，以防止底层酚醛树脂透到表面，其主要作用是遮盖基材表面的色泽斑点，因此，要求有良好的覆盖力。

底层纸

底层纸是装饰板的基层材料，对板面起到力学性能作用，是浸以酚醛树脂胶经干燥而成的，生产时可根据用途或装饰板厚度确定若干层。

防火板橱柜

防火板是采用硅质材料或钙质材料为主要原料，与一定比例的纤维材料、轻质骨料、黏合剂和化学添加剂混合，经蒸压技术制成的装饰板材，是目前整体橱柜的主流用材。防火板的表面色彩丰富，纹理美观，具有防火、防潮、防污、耐磨、耐酸碱、耐高温和易于清洁等特点。另外，防火板橱柜的使用寿命相当长，是一种性价比很高的装饰材料。

设计详解：选择表面光滑的白色防火板作为橱柜的饰面板，一方面具备功能性，另一方面又有良好的装饰效果，完美地打造出一个干净整洁的现代风格厨房。

材料搭配
花岗岩台面+白色防火板橱柜+米色抛光墙砖

设计详解：将仿木纹防火板橱柜应用在一个以白色与冷色为主要配色的空间内，能够很好地为整个厨房带来一份温暖的气息。

材料搭配
仿木纹防火板橱柜

烤漆橱柜

现在市面上的烤漆橱柜很多，形式多样，色泽鲜亮美观，有很强的视觉冲击力。烤漆橱柜表面光滑，易于清洗，分为UV烤漆、普通烤漆、钢琴烤漆、金属烤漆等。不同的烤漆面层具有不同的风格，总的来说，烤漆橱柜适合对色彩要求高、追求时尚的消费者。

设计详解：橱柜选择双色烤漆橱柜来进行装饰搭配，上浅下深，为整个空间增添了沉稳感。

材料搭配
白色亚光墙砖+烤漆橱柜

设计详解：浅米色釉面砖装扮出一个干净整洁的烹饪工作区域，彩色烤漆橱柜的加入则为整个空间增添了自然清新的味道。

材料搭配
米色釉面砖+彩色烤漆橱柜

设计详解：厨房采用耐脏的深色瓷砖作为墙面装饰，同时选用光洁度高的烤漆橱柜来进行搭配，让整个厨房在配色上更有层次感。

材料搭配
深色亚光瓷砖+蓝色烤漆橱柜

装修小课堂

厨房中家具及物品的细节设计

厨房的灶台最好设计在台面的中央，保证灶台旁边预留有工作台面，以便炒菜时可以安全、及时地放置从炉上取下的锅或汤煲，避免烫伤。厨房的台面、橱柜的边角或是把手，有时为了造型的好看往往设计得很尖，虽说外形很酷，但很容易碰伤或划伤，所以最好用圆弧修饰橱柜及把手的边角位，可有效减少碰伤的可能。厨房门的设计也很有讲究，为了确保往内开的厨房门不会因突然开启而撞到正在备餐的人，最好改为外开或推拉门。

钢化玻璃橱柜

钢化玻璃给人的感觉是通透的、干净的，以钢化玻璃来制作橱柜的饰面被越来越多的人所喜爱。钢化玻璃是经过特殊处理的高强度玻璃，不会因为温度的差异而产生开裂的现象。另外，相比普通钢化玻璃，烤漆钢化玻璃橱柜的颜色与花色更加丰富，例如：压花烤漆玻璃、黑色烤漆玻璃、茶色烤漆玻璃等。它们的装饰效果更佳，更能营造出各种风格不同的厨房空间。

设计详解：现代风格厨房中以黑白两色进行色彩搭配，打造出一个简洁大气的厨房空间。地面的黑色波打线与橱柜在色彩上相呼应，为整个厨房增添了整体感。

材料搭配

黑色钢化玻璃橱柜+黑色人造大理石波打线

设计详解：黑色钢化玻璃橱柜无论是从质感上还是颜色上，都能很好地体现出现代风格简洁大气的特点。

材料搭配
黑色钢化玻璃橱柜+无缝玻化砖

设计详解：采光好的厨房内，即使选择黑色橱柜也不会显得压抑，同时还可以通过大量的浅色来进行调节，从而营造一个简洁时尚的空间氛围。

材料搭配
黑色钢化玻璃橱柜+米色抛光墙砖+米色人造石台面

吸塑橱柜

吸塑橱柜是采用PVC膜压工艺，具有防水防潮的功能。吸塑橱柜有亮光和亚光两种效果，经过一定的造型处理后光泽细腻、色彩柔和。且门板表面光滑易清洁，没有杂乱的色彩和繁复的线条，适用于设计风格比较简洁明快的厨房。

设计详解：采光好的小厨房中，选用的彩色橱柜与整个浅色调的背景色相融合，打造出一个很有整体感的厨房空间。

材料搭配
米色抛光墙砖+彩色吸塑橱柜

设计详解：浅灰色的吸塑橱柜给白色的厨房空间增添了色彩的层次感。

材料搭配
白色亚光墙砖+吸塑橱柜

厨房门类

设计详解： 厨房与其他空间采用玻璃推拉门作为间隔是个十分明智的选择，既能保证空间的明确划分，又不影响室内采光。

材料搭配
清玻璃推拉门

设计详解： 面积较小的厨房空间，选用玻璃推拉门来作为厨房门，可以充分利用玻璃的通透感来起到拓展空间的作用。

材料搭配
钢化玻璃

玻璃推拉门

推拉门相当于活动的间隔，同时兼具开放空间与间隔的双重功能，玻璃推拉门具有视觉通透、放大空间的作用。玻璃推拉门多以铝作为框架，质地十分轻盈。在玻璃的材质选择上，从透明的清玻璃，到半透明的磨砂玻璃抑或是装饰效果极佳的艺术玻璃、烤漆玻璃等，都能展现出不一样的装饰效果。

设计详解：整个厨房空间的配色十分舒适，再搭配上玻璃推拉门，让整个空间更加有通透感。

材料搭配
清玻璃推拉门+无缝玻化砖

玻璃推拉门的固定方式

玻璃推拉门有悬吊式与落地式两种固定方式。

悬吊式

悬吊式推拉门由于是在天花板内置入轴心，因此对天花板的承重要求比较高，如果是硅酸钙板或水泥板的天花板，需要在板面上装置不小于1.8厘米的木材角料，以此来增加承重力。悬吊式推拉门是将轨道隐藏在天花板内，需要在装修前就进行安装，若是装修后才考虑安装推拉门，则需要拆除天花板，进行二次施工，成本高。

设计详解：淡淡的灰色作为厨房的背景色，让整个空间都散发着现代风格的简洁与大气。

材料搭配
无缝玻化砖+花岗岩台面

设计详解：现代风格厨房中，橱柜的色彩饱满，纹理强袭，再搭配米色网纹墙砖，充分地展现出现代风格设计的层次感。

材料搭配
仿木纹三聚氰胺饰面橱柜+米色网纹亚光砖

落地式

落地式推拉门相比悬吊式推拉门更加稳固，对地面水平度要求很高，若地面不平整，则会影响施工效果。落地式推拉门需将轨道留在地面，一旦收起推拉门时，轨道将会露出，对于整体的装饰效果有一定的影响。

折叠门

折叠门为多扇折叠，适用于各种大小洞口,尤其是宽度很大的洞口,如阳台。折叠门的五金结构复杂,安装要求高。折叠门一般采用铝合金做框架。安装折叠门可打通两个独立空间，门可完全折叠起来，有需要时，又可保持单个空间的独立，能够有效地节省空间使用面积，但造价比推拉门的要高一些。

设计详解: 小面积的厨房中采用清玻璃折叠门作为墙面间隔，一方面可以有效地对空间进行划分，从而避免厨房油烟对其他空间的污染，另一方面能有效地保证空间采光。

材料搭配
钢化玻璃+防滑地砖+实木地板

折叠门的选购

选择折叠门时，要先考虑款式和色彩应同居室风格相协调。选定款式后，可进行质量检验。最简单的方法是用手触摸，并通过侧光观察来检验木框的质量。抚摸门的边框、面板、拐角处，品质佳的产品没有刮擦感，手感柔和细腻。站在门的侧面迎光看门板，面层没有明显的凹凸感者为佳。

设计详解：厨房与阳台之间采用折叠门作为间隔，再搭配磨砂玻璃，为整个厨房空间增添了温馨的感觉。

材料搭配
磨砂玻璃+米色淡网纹亚光砖

08 卫浴间

卫浴间的设计要点

从布局上来讲，卫浴间可分为开放式和间隔式两种。所谓开放式就是将浴室、坐便器、洗脸盆等卫生设备都安排在同一个空间里，是一种普遍采用的方式；而间隔式一般是将浴室、坐便器布置在一个空间而让洗漱独立出来，也就是 “干湿分离”。无论是哪种形式布局的卫浴间，在区域上大致都可以分为两个，一是盥洗室，二是后区的浴室。在设计布置上，盥洗池以设置在入口处门的侧向或迎面整板墙的地方，这样无论是墙镜、物品架，还是储物柜都极易做一个比较整体的考虑。浴室坐便器的设置以背门处为佳，浴缸多以沿墙布置的方法。

卫浴间顶面装饰材料

卫浴间顶面造型速查

现代简约风格卫浴间顶面造型

• 印花铝扣板+白色铝扣板

• 不规则造型错层防潮石膏板+灯带

古典中式风格卫浴间顶面造型

• 棕黄色炭化合板吊顶

• 方形错层防潮石膏板+灯带+嵌入式茶镜装饰线

传统美式风格卫浴间顶面造型

• 错层防潮石膏板+实木顶角线+灯带

• 长方形错层防潮石膏板

奢华欧式风格卫浴间顶面造型

• 圆弧形错层防潮石膏板+灯带

• 错层防潮石膏板+金箔壁纸

清新田园风格卫浴间顶面造型

• 白色铝扣板

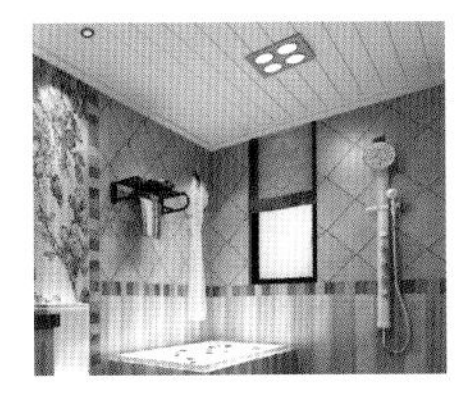

• 白色炭化合板

浪漫地中海风格卫浴间顶面造型

• 穿孔铝扣板

• 仿石材纹理铝扣板

炭化合板

炭化合板取材于柳桉木，是将炭化后的薄木片经过高压压制而成，因木材通过高温炭化，丧失了木材糖分，因此不易受虫蛀。另外，炭化合板是靠热塑性聚合树脂粘合，不同于传统胶合板含有水黏胶，更具有耐潮不易变形的特点。因此炭化合板除了适用于柜体或装修底板的使用外，还十分适用于浴室的天花板。

设计详解：卫浴间的配色十分温馨浪漫，再搭配洗白做旧效果的炭化合板，营造出一个十分富有异域风情的地中海风格空间。

材料搭配
做旧炭化合板

设计详解：炭化合板采用深浅搭配的方式排列，让整个卫浴间的顶面更加有层次感。

材料搭配
木色炭化合板

设计详解：浴室的顶面采用原木色的炭化合板与防水石膏板进行搭配，丰富了顶面的设计造型，同时还具有一定的防水、防潮的特点。

材料搭配
防水石膏板+原木色炭化合板

设计详解：采用炭化合板进行卫浴间的顶面装饰，搭配暖色调的灯光，让整个空间产生后现代风格的极简韵味。

材料搭配
浅灰色炭化合板吊顶

装修小课堂

如何营造良好的卫浴间环境

卫浴间最好有直接对外的窗户，这样不仅有自然光，而且通风效果好。如果没有直接对外的窗户，就需要安装一个排风扇，排风扇的位置要靠近通风口或安装在窗户上，以便可以直接将卫浴间内的气体排出。

桑拿板

桑拿板是卫生间的专用木材，它是经过高温脱脂处理，能耐高温，不易变形。桑拿板的主要选材有杉木、樟松、白松、红云杉、铁杉等，拥有天然木材的优良性，纹理清晰，环保性能好。优质桑拿板经过防腐、防水处理后，具有耐高温、易清洗的优点，另外，如果将桑拿板用于卫生间的吊顶，表面需要涂刷一次油漆。

设计详解：原木色的桑拿板为色彩鲜艳的卫浴间增添了自然的温馨感，很巧妙地起到了稳定空间的作用。

材料搭配
木色桑拿板

设计详解：整个卫浴间的顶面选用白色桑拿板作为装饰材料，防水、防潮，又方便日常清洁。

材料搭配
白色桑拿板+PVC收边条

设计详解：整个卫浴间以米色作为主要配色，再通过不同材质的变化来进行色彩层次的调节，使整个空间更有整体感。

材料搭配
原木色桑拿板

卫浴间墙地通用装饰材料

卫浴间墙面、地面造型速查

现代简约风格卫浴间墙面造型

• 灰色皮纹砖+白色皮纹砖

• 仿洞石墙砖+陶瓷马赛克拼花

现代简约风格卫浴间地面造型

• 深灰色皮纹砖

• 黑白网纹无缝玻化砖

传统美式风格卫浴间墙面造型

• 米色木纹墙砖

• 米黄网纹大理石+艺术墙砖

传统美式风格卫浴间地面造型

• 灰白装饰地砖菱形拼贴

• 深网纹防滑地砖

清新田园风格卫浴间墙面造型

• 彩色釉面砖

• 陶瓷马赛克

清新田园风格卫浴间地面造型

• 彩色釉面地砖菱形拼贴

• 雾面石英砖创意造型拼贴

古典中式风格卫浴间墙面造型

• 防水壁纸+陶瓷马赛克

• 防水壁画+木质装饰线

古典中式风格卫浴间地面造型

• 仿古砖

• 回字拼贴地砖

奢华欧式风格卫浴间墙面造型

• 米色全抛石英砖+金属马赛克拼花

• 砂岩浮雕+贝壳马赛克

奢华欧式风格卫浴间地面造型

• 大理石拼花

• 米色雾面石英砖+艺术瓷砖

浪漫地中海风格卫浴间墙面造型

• 陶瓷马赛克

• 米白色皮纹砖

浪漫地中海风格卫浴间地面造型

• 彩色釉面砖+艺术瓷砖

• 彩色釉面砖

简欧式风格卫浴间墙面造型

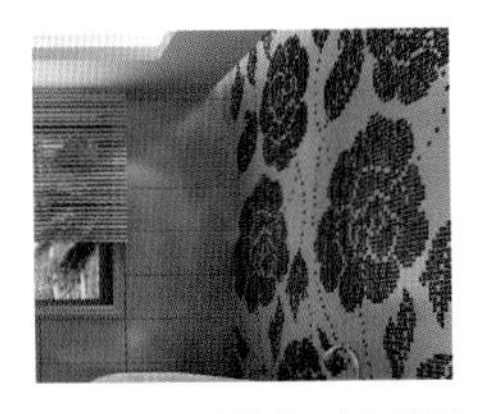
• 陶瓷马赛克拼花+米色雾面石英砖

• 艺术玻璃+中花白大理石收边条

简欧式风格卫浴间地面造型

• 装饰玻化砖拼花

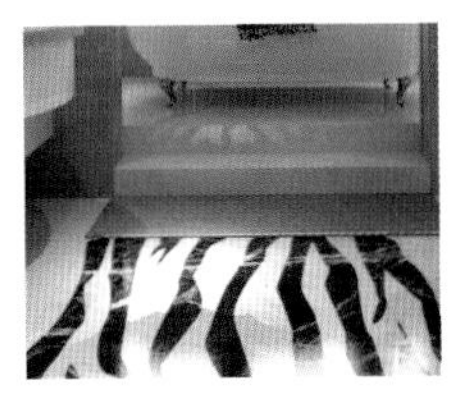
• 黑白根大理石

抿石子

抿石子是家庭装修中最常见的墙、地通用装饰材料，且施工没有面积尺寸的限制，没有修边等问题，完全可以根据自己的喜好进行设计施工。抿石子的浆料成分为抿石粉浆料，是掺了白水泥、树脂粉和石粉的黏着剂，再通过以1: 2的比例添加打碎的天然石进行搅拌，涂抹在墙面或地面后经过打磨即成抿石子。另外，除了天然石以外，琉璃、宝石等石类也可以作为抿石子的添加原料，装饰效果比马赛克、瓷砖更加多元化，更能展现出主人的品位与个性。

设计详解：以黑白两种颜色作为空间背景色，是现代风格中最常见的配色手法。卫浴间墙面采用黑白相间的抿石子作为腰线，既凸显了墙面装饰材料的质感，又巧妙地起到上下衔接的作用。

材料搭配
白色皮纹砖+抿石子+黑色皮纹砖

如何设计卫浴间的收纳功能

如果浴室整体面积比较充裕，可以尝试布置一些收纳柜，这样的浴室收纳柜可以分门别类放置各自使用的物品。不过要注意，应把洗面盆安装在浴室较宽的一侧，最好有隔断，这样能确保物品的防潮。

石英砖

石英砖由于烧制的时间久，因此水分少、细孔小、硬度高、吸水率低，更加坚硬耐磨，使用寿命长，不易破裂，十分适合用作浴室的墙面、地面使用。石英砖的坯体是由石英细粒或粉末制成，依表面处理方式，可以分为抛光、半抛、雾面、凿面四种。在选择时，可以根据实际的装修风格进行选择。

设计详解：卫浴间采用半抛石英砖来进行墙面装饰，通过材质本身的纹理及色泽，营造出一个温馨又具复古感的空间。

材料搭配
半抛石英砖+陶瓷马赛克

设计详解：将灰色半抛石英砖粘贴于整个卫浴间的墙面，再适当地融入一些白色、红色装饰元素，营造出一个个性十足的现代风格空间。

材料搭配
灰色半抛石英砖

设计详解：面积较小的卫浴间适合采用浅色系来进行色彩搭配。将浅米色全抛石英砖粘贴在整个卫浴间的墙面上，可以在一定程度上缓解空间的紧凑感。

材料搭配
浅米色全抛石英砖

瓷质瓷砖

瓷砖普遍会被分为陶质、石质和瓷质三大类。其中瓷质瓷砖的吸水率低，硬度高且表面花釉经过高温烧制，材质耐磨又不易变形，已经成为卫浴瓷砖的最佳选择。瓷质瓷砖的花色丰富，有较多的可选择性。在选购瓷质瓷砖时，应先观察瓷砖表面的平整度，并用手敲击瓷砖表层，听一下声音，如果声音清脆，即表明砖体密度高；反之，则砖体内部可能有裂痕。

设计详解：整个卫浴间采用两种不同颜色的瓷砖作为墙面装饰，再搭配彩色陶瓷马赛克作为装饰腰线，让整个卫浴间在色彩搭配上更有层次感。

材料搭配
浅色瓷质瓷砖+彩色陶瓷马赛克

设计详解：米黄色网纹全抛瓷砖铺满整个墙面，充分利用材质饱满的色泽与清晰的纹理来彰显传统欧式风格空间的奢华感。

材料搭配
米黄色网纹瓷质瓷砖+陶瓷马赛克

设计详解：卫浴间采用色彩饱满、表面光洁度高的双色瓷质瓷砖来进行墙面装饰，丰富墙面造型的同时，营造出一个十分亮丽的空间。

材料搭配
浅绯红色瓷质瓷砖+米白色瓷质瓷砖

贝壳马赛克

贝壳马赛克是由纯天然的珍珠母贝壳：白碟贝、黑碟贝、黄碟贝、鲍鱼贝、牛耳贝、粉红贝等组成一个相对的大砖或（片）。它的表面晶莹、色彩斑斓，高贵迷人，散发着来自大自然的气息，它的纯天然和环保，没有辐射、甲醛的污染，深受消费者青睐，因而被广泛应用于室内小面积地面、背景墙面及装饰画板、家具表面装饰，比传统的马赛克，更具个性和新活力。贝壳马赛克的吸水率低，相比其他产品更加持久耐用。

设计详解：欧式风格卫浴间采用贝壳马赛克的亮度与色泽来突出墙面的设计层次，营造出欧式的奢华与精致。

材料搭配
贝壳马赛克拼花+无纹理玻化砖

设计详解：深浅颜色布艺的贝壳马赛克粘贴在一起，可以为整个卫浴间带来一丝梦幻感。

材料搭配
贝壳马赛克+仿木纹墙砖

设计详解：以贝壳马赛克来进行墙面的点缀装饰，巧妙地丰富了整个墙面的设计感，展现出现代风格特有的简洁与大气。

材料搭配
中花白大理石+贝壳马赛克拼花

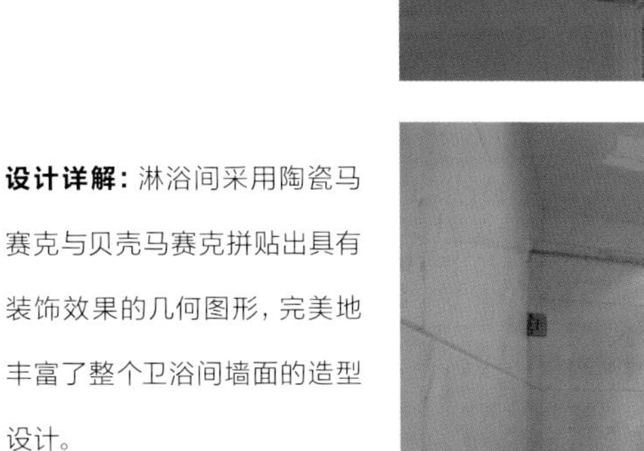

设计详解：淋浴间采用陶瓷马赛克与贝壳马赛克拼贴出具有装饰效果的几何图形，完美地丰富了整个卫浴间墙面的造型设计。

材料搭配
马赛克拼花+白色淡纹理亚光墙砖

设计详解：将贝壳马赛克采用撞色的拼贴方式粘贴在墙面上，搭配无纹理的白色亚光墙砖，完美地提升了整个卫浴间的配色层次。

材料搭配
三色贝壳马赛克+白色无纹理亚光墙砖

腰线瓷砖

腰线一般是指墙面上的水平横线，在墙面上通常是在窗口的上沿或下沿（也可以在其他部位）做出一条通长的横带，主要起装饰作用。常用的腰线瓷砖多为印花砖，上面多为一些色彩鲜艳、造型精美的图案花纹。为了配合墙砖的规格，腰线砖定为6厘米高，20厘米宽的幅面，它的作用就像一根美丽的腰带，环绕在墙面砖中间，为单调的墙面增色，改变空间的气氛。腰线瓷砖主要以陶瓷、树脂、金属等材料为主，其中家庭使用的以陶瓷和树脂材料为主。

设计详解：腰线瓷砖的花纹颜色与墙裙的颜色相同，可以让上下两种不同色彩的墙面衔接更加自然。

材料搭配
彩色釉面砖+艺术腰线

设计详解：多色几何图形的腰线将蓝白亮色墙砖很自然地区分，丰富墙面设计造型的同时也让空间配色更有层次感。

材料搭配
彩色釉面砖+艺术瓷砖腰线

设计详解：采用色彩斑斓、花纹精美的艺术瓷砖作为卫浴间墙面的装饰腰线，既巧妙地衔接了两种不同装饰材质，又丰富了墙面的造型设计。

材料搭配
订制艺术瓷砖+彩色釉面砖+米黄色金刚砂瓷砖

设计详解：图案清丽淡雅的腰线，为整个中式风格空间增添了几分清新与自然的美感。

材料搭配
订制艺术瓷砖+灰白色半抛石英砖

装修小课堂

墙面装饰的注意事项

墙面的瓷砖也要做好防潮防水，而且贴瓷砖时要保证平整，并要与地砖通缝、对齐，以保证墙面与地面的整体感；若遇到给水管路出口，瓷砖的切口要小、适当，方便给水器上的法兰罩盖住切口，使得外观完美。

卫浴间洁具及其他辅助材料

设计详解：嵌入式面盆与洗手台融为一体，再搭配具有复古风格的洗漱柜及镜面，成为整个卫浴间的亮点，展现出古典欧式的奢华与精致。

材料搭配

白色淡网纹大理石台面+米白色网纹防滑地砖

面盆

面盆的种类、款式、造型非常丰富，按材质可分为陶瓷面盆、不锈钢面盆、玻璃面盆等；按造型分类可分为台上面盆、台下面盆、立柱式面盆和壁挂式面盆等。

设计详解： 卫浴间的墙面及地面采用一种材料进行装饰，让整个空间十分具有整体感。此外，大理石洗手台、描金雕花镜框与实木洗漱柜等元素都彰显出欧式风格的精致美感。

材料搭配
深啡网纹大理石洗手台+陶瓷马赛克

陶瓷面盆

陶瓷面盆以其经济实惠、易清洗的特点深入人心，成为市面上最为常见的面盆之一。陶瓷面盆的造型可选度也最为广泛，有圆形、半圆形、方形、三角形、不规则形状等造型的面盆。此外，由于陶瓷技术的不断发展，陶瓷面盆的颜色也不再仅限于白色，各种色彩缤纷的艺术陶瓷面盆也纷纷出现。

设计详解：在米色调为背景色的空间内，白色的洁具起到了很好的装饰作用，提升了整个空间的配色，同时也营造出一个十分舒适的空间氛围。

材料搭配
米色网纹无缝墙砖

陶瓷面盆的保养

由于陶瓷面盆表面有一层光亮润滑的釉面，因此在日常清洗时用清水及抹布擦拭即可。若有不易擦拭的污垢，可以将安全漂白水倒入面盆中，浸泡20分钟左右，再用湿毛巾或海绵进行清洗擦拭，千万不要使用百洁丝或砂粉来擦拭，以免磨花面盆表层，失去光泽。

设计详解： 黑色大理石洗手台与白色洁具完美地融入以米色作为背景色的卫浴间内，为整个空间增添了极强的层次感。

材料搭配
米色木纹墙砖+黑金花大理石洗手台

玻璃面盆

玻璃面盆时尚、现代，色彩与款式是其他材质面盆无法比拟的，同时它还具有晶莹剔透的美感，深受当下年轻人的喜爱。在选择玻璃面盆时，最应该注意的是面盆壁的厚度，最好选择19厘米壁厚的产品，它的耐热度可以达到80℃左右，耐冲击性与耐破损性也比较好。

设计详解：剔透的玻璃面盆搭配陶瓷马赛克，增强了整个卫浴间的设计感。

材料搭配
玻璃面盆+陶瓷马赛克

不锈钢面盆

不锈钢面盆是以实体厚材质的不锈钢为原材料制造而成的，面盆表面有进行磨砂镀层处理与镜面镀层处理两种工艺。不锈钢面盆最突出的特点就是结实耐用、容易清洁，但是相对价格也比较高。此外在选择不锈钢面盆时，最好能与卫生间内其他钢质配件相互搭配，以体现出装修风格的整体感。

设计详解：颇具现代风格特点的卫浴间里采用深啡网纹大理石作为洗手台面，再搭配一只金属色的不锈钢面盆，为整个空间增添了一丝复古情怀。

材料搭配
米色无纹理抛光墙砖+深啡网纹大理石洗手台+不锈钢面盆

如何设计小空间卫浴

卫浴空间狭小，特别需要将所有基本功能和特色凝缩在一起，尽量使有限的空间看上去更大，更动人。在小卫浴中，洗手盆和坐便器尽可能用较小的型号，以节省有限的空间。此外，洗手盆和坐便器可以采用悬壁式，这样能产生空间扩大的感觉。

台上面盆

台上面盆顾名思义，就是安装在洗手台台面上的面盆，此种造型的面盆安装方便，也便于在台面上放置一些洗漱物品。

设计详解： 面积相对较大的卫浴间内放置了两只白色陶瓷面盆，既方便使用，又为整个空间的色彩提升了一定的层次感。

材料搭配
米色无纹理抛光墙砖+车边银镜

设计详解： 在米色调的卫浴间内，想要提升空间的色彩层次或设计造型，通过洗手台与洁具进行搭配是个不错的选择。

材料搭配
米色网纹抛光墙砖+深啡网纹大理石台面

设计详解：青花陶瓷面盆、实木装饰雕花等元素让整个卫浴间都散发着浓郁的中式古典美。

材料搭配
深啡网纹大理石台面+陶瓷面盆+木纹墙砖

台下面盆

台下面盆是安装在洗手台下方的一种面盆。安装前应在台面上预留位置，尺寸的大小一定要与面盆的大小相吻合，否则会影响美观。相比台上盆，台下盆更加节省洗手台台面的空间。

立柱式面盆

立柱式面盆适用于空间狭小的卫生间安装使用。整个面盆使用立柱作为支撑，节省空间的同时也不会出现盆身下坠变形的情况发生，且造型优美，节省空间的同时还能够起到很好的装饰效果。

设计详解：立柱式面盆不仅限于小空间的卫浴间使用，在空间面积允许的情况下，将洗漱柜安装在面盆两侧，是整个空间的设计亮点。

材料搭配
防水乳胶漆+彩色釉面砖

壁挂式面盆

壁挂式面盆也是一种比较节省空间的面盆类型，与立柱式面盆相比，此类面盆更加适用于入墙式排水系统的卫生间使用，因为如果不是入墙式的排水系统，壁挂式面盆下方并没有任何遮挡物，上下水管将会完全露在外面，影响美观。

设计详解：条纹清晰的浅灰色抛光墙砖与艺术瓷砖相融合，展现出一个颇具个性的现代风格空间。

材料搭配
条纹抛光墙砖+订制艺术瓷砖

设计详解：深啡网纹大理石洗手台为浅色调的空间增添了色彩层次感，营造出一个简洁大方的现代风格空间。

材料搭配
深啡网纹大理石洗手台+白色淡纹理墙砖

设计详解：卫浴间墙面采用蓝白相间的亚光墙砖作为装饰，让整个空间散发着清新自然的时尚感。

材料搭配
彩色亚光墙砖

选购面盆的注意事项

1. 面盆的深浅是否适宜。面盆太浅，在使用时容易水花四溅；面盆太深，则容易造成使用不便。

2. 面盆的款式是否与浴室风格相协调。尽量不要选择造型太过花哨的面盆，建议从性能、浴室面积、浴室风格、性价比等诸多方面进行综合考虑。

3. 浴室的面积大小应侧重考虑。卫生间面积的大小也是面盆选择时需要注意的主要因素。如果卫生间的面积小，则适合选择立柱盆、挂盆；如果卫生间面积足够大，则可以选择各种造型的台盆。

设计详解：整个卫浴间都采用陶瓷马赛克拼花来装饰墙面，让整个空间十分有设计感，再搭配白色没有任何装饰图案的洁具，打造出一个洁净舒适的卫浴间。

材料搭配
陶瓷马赛克拼花+白色陶瓷面盆

设计详解：多种色彩的陶瓷马赛克为整个白色调的卫浴间增添了层次感，同时也彰显了新欧式风格的精致美。

材料搭配
彩色陶瓷马赛克+米白色无纹理墙砖

设计详解：卫浴间的墙面采用蓝白色调为主的釉面砖作为装饰，颜色过渡自然的同时，整个空间也更有整体感。

材料搭配
彩色釉面砖+陶瓷马赛克

卫浴间配套设施的选购要则

卫浴间的排风扇跟水龙头会发出分贝较高的噪声，上下水管的流水、便器的冲洗、便器盖的碰撞、扯动浴帘等也会产生一定的声音，这些都会影响人的舒适感。因此，一定要注意选择质量较好的卫浴设备和小五金构配件，卫浴间与房间的分隔墙应有较好的隔声性能，门尽量密闭，减少噪声传出的机会。

马桶

马桶是所有洁具中使用频率最高的，它的质量好坏，直接关系到生活的品质。同时，马桶的价位跨度也是非常的大，从百元到千元甚至是万元不等，主要是由设计品牌与做工精细度来决定。

设计详解：卫浴间的地面设计在色彩上让整个配色更有层次感，也为整个卫浴间增添了稳重感，在造型设计上则更加丰富。

材料搭配
深啡网纹大理石+双色亚光防滑地砖

设计详解：将仿木纹半抛石英砖粘贴在整个卫浴间的墙面及地面，让空间更加有整体感，再通过洗手台、马桶等洁具来进行层次的调节，打造出一个舒适的如厕空间。

材料搭配
仿木纹半抛石英砖+深啡网纹大理石台面

马桶的造型分类

马桶按照设计造型可分为连体式与壁挂式两种。

连体式马桶是指将水箱与座体设计在一起，造型美观，安装方便，一体成型，是市面上常见的一种马桶造型。

设计详解：卫浴间的墙面上半部分采用白色墙砖，下半部分采用蓝色墙砖，中间以蓝白相间的陶瓷马赛克作为衔接腰线，既丰富了墙面的造型设计，又让色彩过渡更加自然。

材料搭配
彩色釉面砖+陶瓷马赛克

壁挂式马桶是将水箱嵌入墙壁里面，而座体则是悬挂在墙壁外面，通过电子感应系统或按钮进行冲水，看不到水箱，是此类马桶最大的特点。此外，由于壁挂式马桶是悬挂在墙壁上的，相比传统的连体式马桶，它地面没有死角，不容易藏垢，是近几年来流行的一种马桶款式。

设计详解：卫浴间采用壁挂式马桶，节省空间的同时还能让卫浴间的设计更加丰富。例如，在原本安装水箱的位置，设计一个小台面，摆放一些精美的小花草，可以给卫浴间带来意想不到的生趣。

材料搭配
灰白色半抛石英砖+钢化玻璃

马桶的冲水原理分类

当今市面上的马桶按照冲水原理，可以分为直冲式和虹吸式两种。

直冲式马桶是利用水流的冲力来排出脏污，具有池壁陡、存水面积小、冲污效率高的优点。直冲式马桶最大的缺点在于冲水声音大，容易出现结垢，防臭功能不如虹吸式马桶。

虹吸式马桶的排水结构管道成S形(倒S形)，在排水管道充满水后，便会产生水位差，借助水在马桶排污管内产生的吸力将脏污带走，池内存水量大，冲水声音小。虹吸式马桶可以分为漩涡式虹吸与喷射式虹吸两种。虹吸式马桶的防臭功能比直冲式马桶要好，但是不如直冲式马桶省水。

设计详解：将淡纹理亚光砖粘贴于整个卫浴间的墙面，与顶面的印花铝扣板及暖色调地砖相搭配，营造出一个既温馨又浪漫的空间氛围。

材料搭配
印花铝扣板+淡纹理亚光砖+米黄色防滑地砖

马桶的选购

市面上大量马桶产品是针对300毫米和400毫米坑距的，在购买马桶时需要把这个数据提供给商家，坑距误差不能超过1厘米，否则马桶便无法安装。可自行测量，以马桶靠墙一面至下水管中心水平纵向为测量依据，就可以得出具体的数据。马桶除了使用功能外，还可以起到装饰卫浴间的作用，因此它的色彩应与面盆及卫浴间的整体色调保持一致。致密性越高的马桶产品，光泽度越高，就越容易清洁。为了节约成本，不少马桶的返水弯里没有釉面，有的则使用了封垫，这样的马桶容易堵塞、漏水。购买时可以询问卖家排污口是否施釉，或者自己检查，把手伸进排污口，摸一下返水弯内是否有釉面。釉面差的容易挂污，合格的釉面一定是手感细腻的。可重点摸釉面转角的地方，如果釉面薄，在转角的地方就会不均匀，摸起来就会感觉粗糙。

浴缸

劳累了一天，回到家中在浴缸里泡个澡，不仅可以缓解疲劳，还可以为生活增添一点情趣。浴缸并不是必备的洁具，适合摆放在面积比较宽敞的卫浴间中。现在市面上的浴缸可以分为亚克力浴缸、铸铁浴缸、实木浴缸、钢板浴缸和按摩浴缸，可以根据各种材质的特点进行选择。

设计详解：以蓝色与白色进行空间的色彩搭配，可以让整个空间氛围更加浪漫。

材料搭配
彩色无缝玻化砖

亚克力浴缸

亚克力浴缸是采用人造有机材料制造，造型丰富、重量轻，表面光洁度好，价格经济实惠，且材料热传递慢，因此保温效果良好。

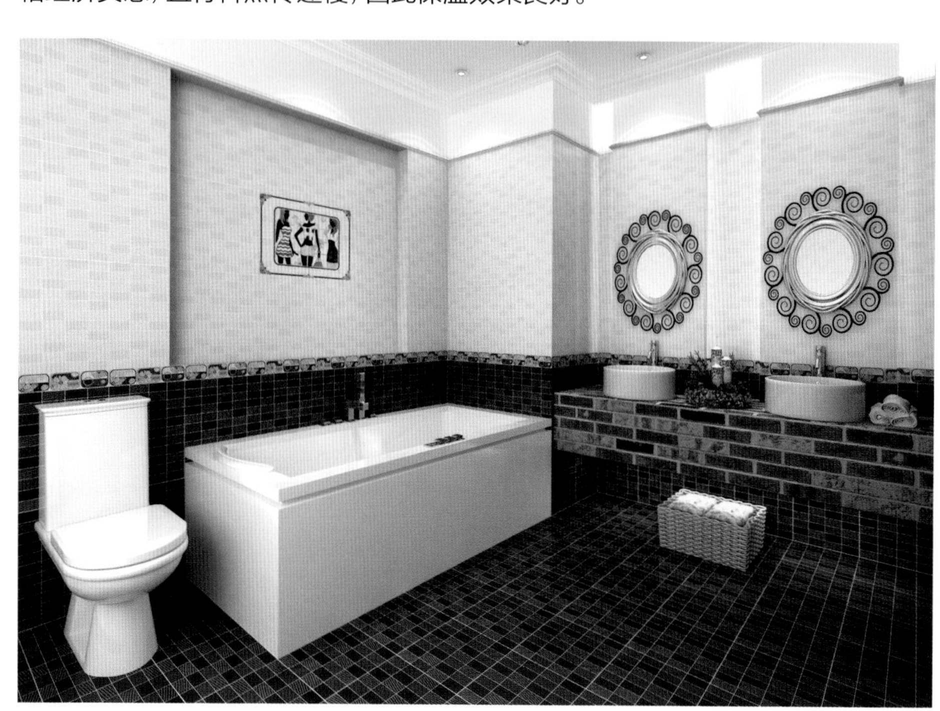

设计详解：整个浴室空间无论是色彩搭配还是材料选择，都很好地展现出现代风格的简洁美。

材料搭配
爵士白大理石+钢化玻璃

实木浴缸

实木浴缸应多是选择木质硬、密度大、防腐性能佳的材质，例如：云杉、橡木、香柏木等。

在选购同等款式的实木浴缸时，重量越沉的说明木质越好，同时应尽量选择桶箍多的浴缸，以免日后出现开裂的现象。另外，考虑到浴缸的保温性能与耐用性能，浴缸的厚度也十分重要，通常在2~3厘米的厚度为佳。

铸铁浴缸

铸铁浴缸是采用铸铁制造，表面覆搪瓷。它最突出的优点就是坚固耐用，使用寿命很长。此外，易清洗、耐酸碱、耐磨性能强也使铸铁浴缸优于其他材质浴缸。但是铸铁浴缸的自身重量非常大，安装与搬运比较难。

钢板浴缸

钢板浴缸是用一定厚度的钢板成型后，再在表面镀搪瓷。钢板浴缸不易粘附污物、耐磨损、易清洁。但是相比铸铁浴缸与亚克力浴缸，钢板浴缸的保温效果要略低一些。

设计详解： 卫浴间采用同一颜色进行墙面、地面的装饰，给小空间增添了整体感，一些深色元素的完美融入，让整个空间更加和谐。

材料搭配
米黄色亚光墙砖

注意卫浴间的触觉舒适性

人们在卫浴间活动时，皮肤不可避免地要与卫浴设备发生直接接触，所以也应注意卫浴间触觉舒适性的问题。各种卫生设备首先都要避免有棱角，以免碰伤皮肤，特别要注意玻璃的边缘。其次，人们都喜欢接触质地柔软具有温暖感的物体，为了适应这种需要，可以在坐便器上设置毛巾布，在脚踏部分设置地毯等。

淋浴房

淋浴房可以划分出独立的浴室空间，十分适用于卫生间面积小的家庭使用，它可以有效地将浴室做到干湿分区，方便清洁的同时还能使浴室更加整洁。淋浴房按照设计造型可以分为一字形、直角形、五角形、圆弧形等。

设计详解：布局合理的卫浴间能给使用者带来心情上的愉悦感。小面积的空间内根据实际布局安置一个五边形的淋浴房，将小空间充分利用的同时，还打造出一个舒适合理的空间区域。

材料搭配
钢化玻璃+白色雾面瓷砖

一字形淋浴房

一字形淋浴房适合大部分浴室使用，不占面积，造型简单。

直角形淋浴房

直角形淋浴房适合用在面积宽敞一些的浴室中。

设计详解：颇具现代装饰风格的马赛克拼花给整个墙面造型过于平实的卫浴间增添了层次感。

材料搭配
陶瓷马赛克拼花+米色抛光瓷砖

设计详解：根据卫浴间的实际布局来选择淋浴房的形状与规格，可以让空间更加合理化，从而营造一个舒适的空间。

材料搭配
钢化玻璃

五角形淋浴房

相比直角形淋浴房，五角形淋浴房更加节省空间，适用于小面积的浴室空间使用。

圆弧形淋浴房

曲线造型的淋浴房外观更加节省空间，但安装价格相对比较高。

设计详解：采光好的卫浴间可以选用色彩相对较深的装饰材料，将深啡网纹大理石与米色木纹大理石交替粘贴在卫浴间的墙面上，为整个空间增添了一份气势磅礴的美感。

材料搭配
深啡网纹大理石+米色木纹大理石

淋浴房选购注意事项

1. 看板材。淋浴房所使用的板材主要是亚克力或钢化玻璃。在分辨亚克力淋浴房时，主要是查看是否为复合亚克力，可以通过观察淋浴房的内部，如果亚克力板的背面与正面不同，比较粗糙的则是复合亚克力，使用时间过长会发生变色，甚至会出现细小的裂纹。相反，好的亚克力板在灯光的直射下，透光均匀，手感极佳，并且厚实、不易变形。至于钢化玻璃淋浴房，应先观察玻璃的表面是否通透，有无杂点、气泡等；其次是要注意玻璃的厚度，至少要达到5毫米。

2. 检查防水性。淋浴房的防水性必须要好，密封胶条的密封性要好，才能起到防水的作用。

3. 看五金。淋浴房门的拉手、拉杆、合页、滑轮及铰链等配件是不可忽视的细节，这些配件的好坏将直接影响淋浴房的正常使用。

4. 看铝材。淋浴房的铝材如果硬度和厚度不行，淋浴房使用寿命将很短。合格的淋浴房铝材厚度均在1.5毫米以上，同时还需要看主要铝材表面是否光滑，有无色差和沙眼以及剖面光洁度情况。

设计详解：通常来讲多边形淋浴房是十分适用于小面积的卫浴间使用的，根据空间的实际大小及布置情况来做形状选择，既节省空间，又能让整个卫浴间显得更有设计感。

材料搭配
钢化玻璃+米色亚光墙砖

收边条

收边条的应用十分广泛，不同材质的地面，如：木地板及地砖，加入收边条可加强两侧地材平贴面的稳定度。收边条还常用于墙面或柱子的修饰使用。在选购时，需要注意收边条的材质与地面、墙面材质的颜色应有差异。此外，收边条的款式种类非常多，例如，阳角线、阴角线、圆角线、直角线、转角线等，各有不同的作用，在选购时应注意。

设计详解：在采用钢化玻璃作为淋浴间的间隔时，搭配不锈钢收边条来进行边框的修饰，可以很好地对钢化玻璃起到保护作用。

材料搭配
钢化玻璃+不锈钢条

如何选择浴室门

浴室门既可做成板式门，也可以考虑采用玻璃门，设计时在保证私密性的前提下，门中央可以选用一小块长条磨砂玻璃装饰，在卫生间使用状况下，既保证了私密，又让外面的人可以看到一丝光线，避免打扰。浴室门只能透光不能透视，宜装双面磨砂或深色雾光玻璃。

PVC收边条

PVC收边条的色彩十分丰富，如果空间墙面或地面是采用抛光砖或者玻化砖来进行装饰，那么十分适合采用PVC收边条进行空间的区隔与修饰。

设计详解：采用白色收边条来装饰墙面瓷砖，从配色角度来讲，可以很好地让同色调的墙面更有层次感；此外，在日常更新维护上来讲，也十分方便。

材料搭配
白色PVC收边条

塑钢收边条

塑钢收边条的花纹、色泽款式较多，但是相比其他材质的收边条，塑钢收边条比较软，用于地面很容易变形，因此它更适用于墙面修饰使用。

铝合金收边条

铝合金收边条有雾面与亮面两种，色彩不如塑钢收边条、PVC收边条丰富，但是结实耐用，适合搭配板岩砖或仿古砖等使用。

设计详解： 将木纹墙砖粘贴于整个卫浴间墙面，再搭配灰白做旧效果的板岩砖来进行修饰，让整个墙面造型更加丰富。

材料搭配
浅灰色木纹砖+灰白做旧板岩砖+铝合金收边条

不锈钢收边条

不锈钢收边条的硬度很强，如果是用在地面装饰使用，通常是用在公共场所。在一般家庭装修中，多数情况会使用不锈钢收边条来修饰墙面，施工方便，装饰效果好，是现代风格家装中比较常见的装饰手法。

填缝剂

填缝剂有耐磨、防水、防油、不沾脏污等突出特点。它可以有效地解决瓷砖缝隙脏黑难清洗的难题。无论是刚装修新铺装的瓷砖缝隙，还是已经使用多年的瓷砖缝隙，都可以使用。可以有效地避免缝隙变黑、变脏，防止细菌危害人体健康。

填缝剂的种类十分丰富，目前市面上有水泥、硅胶、水泥加乳胶、环氧树脂等四类，可以根据实际的施工需求进行选择。一般市场上的填缝剂是水泥色、白色、咖啡色、黑色等，此外，用来修饰墙面的填缝剂还可以添加金、银粉来使瓷砖与缝隙的颜色更加统一。

填缝剂的施工十分的便利，可自助操作，使用填缝剂最适当的时间在贴好瓷砖或地砖48小时后。施工前，应先将砖缝砂砾清除干净，以避免脱落或出现凹凸不平的现象。施工时也要注意保持通风与除湿，从而避免填缝剂出现色泽不均。

在购买填缝剂时，应确认填缝剂的包装是否完整，避免买到过期或受潮的材料。砖体填缝工程所需工时非常短，修改非常困难，所以还应在购买时确认颜色后再进行施工。如果条件允许，可以将所要填缝的材料样品贴在木板上，来查看填缝剂的实际效果。